AF261758

Géographie Agricole de l'Isère

Publication du Journal *LE DAUPHINÉ*

Fondateurs : LOUISE ET XAVIER DREVET

Directeur : XAVIER DREVET

GRENOBLE

F. ROUAULT

Ingénieur agricole

Ancien Élève de l'École de Grignon

Professeur départemental d'Agriculture

BIBLIOTHÈQUE SCIENTIFIQUE DU DAUPHINÉ

Géographie Agricole

DU DÉPARTEMENT

DE L'ISÈRE

GRENOBLE

Xavier DREVET, éditeur

Libraire de l'Université et de l'Académie

14, rue Lafayette, 14

Succursale à Uriage-les-Bains

TABLE DES MATIÈRES

GÉOGRAPHIE AGRICOLE

DE L'ISÈRE

I

CONSTITUTION DU SOL

On peut diviser le département de l'Isère en deux grandes régions :

RÉGION ALPINE. — RÉGION EXTRA-ALPINE

Ces deux régions sont assez bien délimitées par une ligne droite qui suit le bord subalpin de la vallée de l'Isère, aval de Grenoble, d'Auberives-en-Royans à l'Echaillon, et se continue par Saint-Etienne-de-Crossey jusqu'à la cluze de Chailles où l'on constate des indices du facies jurassien.

RÉGION ALPINE

Cette région est celle des hauts sommets, des neiges et des glaciers.

Elle comprend :

1° Chaînes Alpines.

Zone où le plissement a atteint son maximum et a mis à découvert les massifs *centraux cristallins* souvent découpés en aiguilles ou parfois hérissés de pointements à parois abruptes.

Ils sont formés de bancs très redressés et de roches généralement dures et très dures, à base de *quartz* et de *silicates*. La désagrégation produit des sols sableux, caillouteux, rocheux, sans calcaire ordinairement pauvres en phosphates.

Certains massifs sont constitués par des *schistes sériciteux* et *micacés* plus ou moins feuilletés et désagrégeables, où les glissements et érosions sont redoutables, de coloration parfois roussâtre, par suroxydation des oxydes ferreux (*Grandes-Rousses*); d'autres sont formés de *schistes amphiboliques* d'un vert foncé, très résistants (*chaîne de Belledonne*), d'autres enfin de *granites chloriteux* (*protogine*) très durs (*Pelvoux*), avec phénomènes d'injection ou d'imprégnation par granutilisation et protoginisation.

C'est la zone des hautes altitudes et des grandes chaînes.

Sur les versants, notamment ceux exposés au nord, *forêts*; les essences feuillues ne dépassent guère 1200 mètres et sont souvent associées aux essences résineuses; au-delà, sapin, épicéa, mélèze, jusqu'à 2000 mètres au plus. Sur les plateaux, dans les hautes combes synclinales, particulièrement sur les placages sédimentaires, *pâturages*, exceptionnellement fauchables.

Hautes vallées alluviennes, cultivables, avec prédominance du seigle et de la pomme de terre.

Enfin, les massifs centraux cristallins sont généralement ceinturés de *calcaires liasiques* argileux à faciès plus ou moins schistoïde, redressés, formant des pentes assez douces, boisées et gazonnées, fertiles, où les céréales et les arbres fruitiers prospèrent aux basses altitudes et où les pâturages sont productifs. Les importants pâturages des montagnes de La Salette sont précisément situés sur ces calcaires; il en est de fauchables à 1800^m, à quelques expositions spéciales.

La *bordure liasique*, très constante, souvent très large, rive gauche du Grésivaudan, massifs de La Salette entre la Bonne et le Drac, entre la Roizonne et la Romanche, le Drac et la Gresse (calcaires bajociens) fait suite aux précédents, dessine une ligne de *hauts vallons* en se raccordant aux massifs centraux pour aboutir à une ligne de *larges et profondes vallées* avant le redressement du bord subalpin. Cette ceinture est sillonnée de vallées transversales, profondes et étroites qui ont livré passage aux matériaux cristallins des massifs centraux arrachés par l'érosion, éléments parfois conservés en terrasses plus ou moins caillouteuses.

Dans le Grésivaudan, la ligne de hauts vallons est jalonnée de villages à la naissance de ces vallées transversales : Saint-Martin d'Uriage, Revel, La Combe-de-Lancey, Sainte-Agnès, Laval, les Adrets, Theys, Saint-Pierre-d'Allevard. — dans la vallée de l'Isère proprement dite, d'autres villages sont situés sur les cônes de déjections de ces mêmes vallées transversales : Gières, Domène, Le Versoud, Lancey, Brignoud, Froges, Tencin, Goncelin.

La ligne de hauts vallons d'une altitude de 500 à 700^m, malgré la qualité des sols, ne comporte qu'une flore cultivée assez restreinte : céréales, pommes de terre, prairies et pâturages. — Arbres à fruits à noyaux : cerisiers... (Allevard), et à pépins : poiriers et surtout pommiers (Theys...).

Au contraire, la belle vallée de l'Isère du *Grésivaudan*, de 212 à 240^m d'altitude seulement (amont de Grenoble), fraîche, parfois humide, toujours fertile, est apte à toutes cultures : bauchères (*carex*) dans les parties humides, prairies, vignes en grands treillages, plantes maraîchères, pépinières, céréales, betteraves, pommes de terre, chanvre, tabac.

La bordure liasique contraste profondément avec les massifs centraux par l'aspect du paysage et la richesse de la végétation.

Sur les *placages d'alluvions cristallines*, beaux massifs de châtaigniers et sur les *pentes inférieures vignobles importants*, ainsi qu'on le constate sur la rive gauche de l'Isère, de Saint-Martin-d'Hères à Pontcharra (chaîne de Belledonne), vallée du Grésivaudan : Crûs réputés de La Pierre, Laval, Château-Bayard.

Dans cette zone on observe de *profondes vallées*

généralement étroites, souvent sableuses, avec bancs d'argile en profondeur, les rendant parfois humides, même marécageuses : vallées de la Romanche (Bourg-d'Oisans), de la Bonne (Valbonnais), de la Roizonne (Lavaldens)...

Sur quelques *hautes croupes* cristallines et *hautes vallées synclinales*, vestiges de calcaires *liasiques* variés : schisteux, zoogènes, brechoïdes, plus rarement *bajociens*, parfois plissotés, feuilletés et ardoisiers (Allemont, Ornon) formant des terrains à pâturages alpestres assez estimés (Villard-Reculas, Auris, Clavans, Besse).

A cette zone doit être rattachée la *haute vallée de la Matéysine*, tronquée à ses deux extrémités, au N. à Laffrey, vers la Romanche, et au S. vers le Drac, à Pont-Haut et Ponsonnas près La Mure. Cette haute vallée est formée de plus de 200 mètres de dépôts fluvio-glaciaires ; elle est sillonnée de quatre lacs bordés de moraines et constituée par deux versants légèrement inclinés au N. et au S. avec ligne de partage des eaux au-delà de Pierre-Châtel.

Les bancs d'argile, en profondeur, rendent une partie du plateau humide et marécageux ; sols fertiles : céréales, pommes de terre, prairies naturelles et artificielles, élevage et production laitière. Climat froid, altitude d'environ 900 mètres ; quelques vignes sur les pentes inférieures qui dominent le Drac.

2° Chaînes subalpines.

Chaînes calcaires à faciès dauphinois, généralement séparées des chaînes cristallines par de larges et profondes dépressions ou vallées fertiles, dont la vallée de l'Isère dite du Grésivaudan, en amont de Grenoble, est le plus bel exemple.

Nous trouvons dans cette zone :

Les *basses vallées* à terrains alluviens variés, frais, ordinairement sillonnées de rivières et de torrents : Isère, Drac, Gresse, Ebron.

Ces rivières ont leurs lits actuels recreusés dans des lits antérieurs plus élevés formant terrasses alluvio-caillouteuses, ou encaissés dans des ravins où affleurent les calcaires noirs, argileux, à faciès schistoïde du *Jurassique inférieur ou lias* : Isère, Drac ; du *Jurassique moyen et supérieur* : Ebron, Gresse ; du *Crétacé inférieur et moyen* : Furon, Bourne (massif de Lans), Guiers (massif de la Chartreuse), sans parler des torrents secondaires qui suivent souvent des synclinaux *molassiques* : Vence, Roize, Morge, Bourne.

Les terrains sont profonds, silico-argileux, argileux, calcaires, fertiles, et, lorsque l'altitude n'excède pas 400 ou 500 mètres toutes les cultures réussissent : prairies naturelles et artificielles, céréales, plantes sarclées, industrielles (betteraves, tabac, chanvre), maraîchères, arbres fruitiers, vigne.

Les *versants subalpins* généralement marno-calcaires en éboulis, avec placages alluviens locaux, le remblayage ayant résisté à l'érosion, sur jurassique moyen et supérieur (*bajocien, callovien, oxfordien, rauracien...*).

Beaux et superbes vignobles de Grenoble à Chaparcillan ; crus estimés de : La Tronche, Saint-Nazaire, Saint-Ismier, les Capitaines, Barraux.....

Les hautes vallées et les bas plateaux souvent

formés de dépôts fluvio-glaciaires puissants : Trièves, Villard-de-Lans, Chartreuse, et de synclinaux de molasse marine. En raison de l'altitude plus grande, de 800 à 1,100 mètres, ils possèdent une flore agricole plus restreinte. La vigne ne réussit qu'à des expositions spéciales et un peu exceptionnelles (Trièves); les arbres fruitiers sont rares (Villard-de-Lans); céréales (seigle, blé, avoine), pommes de terre, prairies naturelles et artificielles. Élevage important.

Dans le Trièves ces bas plateaux sont fréquemment sur *callovien* (jurassique supérieur) à calcaires schisto-argileux ravinables, donnant au paysage un aspect très spécial.

Les *hauts vallons*, ordinairement situés sur les marnes infra-crétacées, argileuses, tendres et ravinables, séparés des versants inférieurs à vignobles et forêts, par la barre jurassique; d'altitude assez constante de 1000 à 1200 mètres : céréales, prairies, élevage.

Enfin *hauts plateaux* ; les cimes dominantes sont comprises entre 2000 et 2500 mètres au plus. Terrains à soubassement formé de calcaires durs, à stratification confuse (calcaires *urgoniens, barre crétacée*); forêts importantes et pâturages, pentes abruptes souvent dénudées dans les parties hautes, et boisées dans les parties inférieures ; sur *éboulis*, la végétation se développe davantage et les massifs boisés à essences feuillues : chêne, hêtre y constituent de bonnes et importantes forêts, seules ou associées aux résineux, épicéa et sapin, qui forment souvent eux-mêmes des massifs étendus.

RÉGION EXTRA-ALPINE

Cette région appelée souvent *Région des coteaux, plateaux et plaines du bas Dauphiné*, comprend, en effet, des coteaux, des plateaux, des plaines et des vallées, dont la pente générale est dirigée de la bordure subalpine vers le Rhône.

On peut la subdiviser en trois zones, très naturelles :

1° *Zone molassique*, faciès marin (molasse marine), faciès fluvio-lacustre (molasse d'eau douce) ;

2° *Zone cristalline* (faciès plateau central). Région Viennoise ;

3° *Zone jurassique* (faciès jurassien). Région de Crémieu.

L'ensemble a servi de *plan d'écoulement* aux glaciers alpins qui ont laissé des traces de leur passage sur beaucoup de plateaux et ont jalonné leurs emplacements anciens par des *moraines* terminales ou frontales :

Sur la rive droite du Rhône, à la Croix-Rousse (238^m), Sainte-Foy (304^m), Irigny (270^m).

Sur la rive gauche, en avant des précédentes, un vaste bourrelet morainique, de Villette-d'Anthon (227^m), à Saint-Georges-d'Espéranche (385^m), par Pusignan, Colombier (271^m), Grenay (271^m), Lavignion (329^m).....

Un autre plus en avant encore, de Marcilloles à Faramans, par Pajay (435^m) séparant la Bièvre de la Valloire, avec bordure de Thodure à Beaufort (370^m).... marquant un retrait d'au moins 20 kilomètres.....

Et enfin une ligne de moraines par Rives (469ᵐ) accusant un nouveau retrait de 25 kilomètres.

Ces retraits successifs résultent d'une *régression continue,* mais diverses observations semblent démontrer des oscillations, c'est-à-dire des alternances transgressives et régressives.

Chaque retrait d'un glacier provient d'une fusion plus active et se traduit par un ruissellement plus intense; le régime fluviatile qui en dérive s'accentue et les charriages deviennent plus abondants.

Les variations oscillantes s'observent dans les ravins qui entament les dépôts disposés en terrasses, en moraines frontales et en moraines de bordure.

Les divers épisodes glaciaires ont pour ainsi dire couvert toute la région de boues argilo-marneuses ou marno-argileuses en période de *transgression,* puis de cailloutis et de sables argileux, par ruissellement, en périodes de *régression ;* chaque épisode séparé ordinairement du suivant par une ligne de moraines frontales plus ou moins bien conservées.

On a émis diverses hypothèses pour expliquer cette anormale extension glaciaire qui a eu un rôle si important dans la formation des sols cultivés du bas Dauphiné, car l'histoire générale du Globe et les restes de la faune et de la flore de cette époque s'accordent pour affirmer que le climat était alors plus chaud qu'aujourd'hui.

Quoique ce sujet soit en dehors de notre cadre très restreint, il convient cependant de faire remarquer que les phénomènes géologiques dont notre pays a été le théâtre semblent suffisants pour fournir l'explication cherchée, au moins dans ses grandes lignes.

Nous verrons brièvement plus loin quel était l'aspect de la région à l'époque de la *molasse marine*, du *miocène moyen* et *supérieur*, qui se déposait dans une mer qui venait battre les rivages subalpins.

C'est à ce moment que s'est terminé le *grand plissement alpin* qui a définitivement donné aux Alpes leur *relief maximum*, car outre que la molasse marine a été influencée par lui au voisinage des chaînes *subalpines*, nous constatons immédiatement après, un énorme charriage qui a remblayé tout le bas Dauphiné de cailloutis alpins avec intercalations de molasse et de sables, de plusieurs centaines de mètres d'épaisseur constituant les coteaux de *molasse d'eau douce*, du *miocène supérieur*.

La puissance de ces dépôts à cailloux roulés autorise à dire que le relief des grandes chaînes de cette époque était autrement accentué que le relief des grandes chaînes d'aujourd'hui.

Or, ce charriage si intense a été la conséquence d'un régime hydrographique proportionnel, dû évidemment au refroidissement *local* provenant de l'accentuation excessive du relief. Dès lors, climat plus froid, partant plus humide : torrents, rivières et ruissellement à leur apogée. Par conséquent, changement de flore, puis de faune ; les animaux étaient en effet, non seulement sensibles aux variations de climat, *directement*, mais encore, *indirec-*

tement, puisque les variations affectent le *milieu* et aussi le *régime.*

Cependant *l'extension glaciaire* est postérieure à cette date qui en a été le prélude. Pourquoi dès lors cette extension n'a-t-elle pas été *immédiatement* consécutive?

En constatant les restes puissants du régime hydrographique qui a suivi, on conclut que ce régime a dû être alimenté par d'énormes réserves de glaces et de neiges qui ont recouvert les nouvelles grandes chaînes.

Ce qu'il faut expliquer ce n'est donc pas l'apparition des glaciers, mais leur *étendue superficielle,* leur *transgression,* puis leur *régression.*

La progression est naturelle; l'anomalie qu'on lui peut trouver c'est qu'elle ait été si tardive, *post-pliocène,* d'après ce que l'on suppose. Mais cette supposition est-elle une certitude et les plus anciennes moraines *observées* sont-elles bien les plus anciennes moraines *formées?* C'est problématique, car les cailloutis *pliocènes,* du plateau de Chambaran, par exemple, sont tellement altérés que les plus résistants, quartzites et silex, sont pour la plupart devenus opaques et friables; quant aux cailloux provenant de roches composées, quelques géologues les accusent d'avoir produit la glaise dont est enduit le plateau.

En se refroidissant, même rapidement, un climat chaud doit passer par l'état de climat humide avant de devenir climat glacé, et une zone humide se refroidit du fait de l'écran vaporeux qui intercepte une notable fraction des radiations solaires

Si le climat miocène était chaud et si tout autorise à affirmer qu'il était humide, les hautes et nouvelles chaînes ont dû exagérer ce caractère et préparer une ère neigeuse, puis glaciale, qui devait d'autant plus s'étendre que les vallées étaient encore à peine ébauchées et que la neige devait s'étaler en *surface* ne pouvant s'amonceler en *profondeur*. Or, la vitesse d'écoulement d'un glacier est proportionnelle à la pente et à l'activité de la fusion, par conséquent au degré thermique du climat ; l'importance du charriage dépend de cette vitesse et de la nature des versants et du plan d'écoulement. Les anciens glaciers produits, en somme, sous un régime plus chaud et coulant entre des versants plus instables devaient vraisemblablement osciller et charrier avec une activité dont les glaciers actuels ne peuvent donner qu'une minuscule idée.

La transgression glaciaire ne présente donc rien d'anormal. En est-il de même de la régression ? S'il y a eu un refroidissement *antérieur* peut-on admettre un réchauffement *postérieur* ? Il est probable qu'il n'y a pas eu réchauffement au sens absolu, mais atténuation du refroidissement par *équilibre climatérique* et arasement ou abaissement du *relief géologique*, par glissements, éboulis et érosion continus. Et ce sont précisément ces phénomènes d'équilibre qui ont motivé les oscillations glaciaires au fur et à mesure que le relief des crêtes diminuait et que la surface des terres émergées augmentait, après le retrait de la mer molassique et la formation consécutive, sur son emplacement, des coteaux à molasse d'eau douce et à cailloutis torrentiels.

Quant à l'âge des glaciations, il faut convenir que si cette conception en donne une idée satisfaisante, il n'en est pas de même de la place occupée par quelques restes fossiles des grands animaux qui vivaient alors.

Dans la feuille géologique de Lyon, on signale une espèce d'éléphant dans des alluvions post-glaciaires et une autre dans des cailloutis ante-glaciaires ou pliocènes, sous un climat extrêmement humide et forcément refroidi, alors que le genre éléphant, d'après ce que nous voyons actuellement, n'habite que des climats chauds.

La seconde espèce, du reste, occupe une place dans la série moins difficile à justifier que celle de la première,

Presque tous les coteaux du bas Dauphiné sont terminés en plateaux plus ou moins ondulés et ravinés par un certain nombre de vallées généralement courtes, fréquemment étroites, où coulent actuellement des cours d'eau à faible débit : ruisseaux ou petites rivières. La Bièvre fait exception, car elle a 3 à 4 kilomètres de largeur; la Valloire qui lui fait suite est également assez vaste et a deux niveaux bien distincts. La première est une vallée morte ou sèche ; la seconde ne possède plus qu'une très petite rivière, le Suzon, et des sources curieuses à régime intermittent. Toutes ces vallées sont longitudinales par rapport aux lignes de coteaux dirigés des chaînes subalpines vers le Rhône (1). La vallée Sablonnières-Bourgoin est

---

(1) En *réalité* et par rapport aux chaînes alpines, ces petites vallées sont transversales et la vallée de Bourgoin-Sablonnières est au contraire longitudinale ; ce sont en somme des thalwegs de plus grande pente.

transversale, quant à cette direction générale ; elle a raviné les coteaux caillouteux-molassiques à leur jonction avec les coteaux jurassiques de Crémieu. Cette vallée marécageuse se trouve dominée par les coteaux molassiques qui la surplombent de près de 200 mètres, formant des versants assez raides, en partie boisés. A cette trouée transversale débouchent les vallées de Saint-Chef, de Saint-Savin, de la Bourbre. Dans cette dernière, coule la petite rivière de ce nom qui contourne ensuite le bassin jurassique et le petit pointement granitique de Chamagnieu pour aboutir au Rhône un peu au delà de Pont-de-Chéruy.

Tous ces plateaux sont partiellement recouverts de dépôts glaciaires et fluvio-glaciaires, caillouteux, sableux et argilo-marneux ou marno-argileux.

Le soubassement concourt aussi à constituer ces plateaux, les dépôts ultérieurs ayant surtout contribué à les niveler ; il forme en outre les versants qui occupent dans l'ensemble une aire importante.

Les terrains agricoles sont :

En place, c'est-à-dire constitués par la désagrégation du soubassement qui acquiert le faciès terreux.

Charriés, et les charriages peuvent être torrentiels et fluviatiles, glaciaires, fluvio-glaciaires.

En éboulis, toujours très localisés.

Il est à remarquer que dans la série géologique les roches ou unités géologiques sont d'autant moins dures et résistantes qu'elles sont d'âge moins ancien.

A *l'ère primaire* correspondent les roches cristallines, éruptives, à base de quartz et de silicates (roches acides).

Durant *l'ère secondaire* dominent les roches calcaires plus ou moins argileuses et beaucoup plus altérables.

Pendant *l'ère tertiaire* abondent les roches sableuses, les sables, les marnes.

La préparation du faciès terreux suit donc une progression continue et évolue, dans le temps, de façon régulière.

1° — Zone molassique (*Miocène*)

Les assises miocènes de la région *extra-alpine* sont presque horizontales, alors qu'elles sont plus ou moins redressées dans la région *alpine* où elles sont localisées dans des vallées synclinales de la *zone subalpine* ce qui amène à supposer que la bordure subalpine formait déjà falaise à la mer molassique du miocène moyen et inférieur et que cette falaise ne présentait pas de discontinuité à l'emplacement actuel de la trouée Grenoble-Voreppe.

I. — Molasse marine (*Miocène moyen et inférieur*) formant souvent soubassement à la suivante.

1° Coteaux de Tullins à St-Lattier (basse vallée de l'Isère).

Morette (700^m), La Forteresse (726), Quincieux (766), Chasselay (562),

Murinais (568), St-Appolinard (458), St-Antoine (449), St-Bonnet (349), Saint-Lattier (310).

— de Saint-Nicolas-de-Macherin (498), Merlas (764), St-Laurent-du-Pont (480-576) (intra-subalpin).

2° Coteaux de Pont-de-Beauvoisin (348), de Chimilin (324).

3° Coteaux de bordure (rive gauche du Rhône). de St-Fons, Feyzin, Solaise (195-218).

Ces coteaux se terminent en plateaux formés de :

1° — terrains molassiques en place.

2° — terrains de charriage : dépôts morainiques ou glaciaires, dépôts fluvio-glaciaires, dépôts caillouteux et glaiseux à cailloutis *pliocènes* altérés.

II. — **Molasse d'eau douce** ; (*miocène supérieur*) formation puissante de cailloutis et poudingues avec intercalations de molasse désagrégeable et niveau marneux aquifère assez constant.

1° Coteaux de la Bièvre, de la Valloire :

de St-Paul-d'Izeaux (787), la Feitas (726), Roybon (614)... d'Apprieu (709), Balbins (530).

2° Coteaux de la Tour-du-Pin,

de Cessieu (480), St-Savin (388), St-Chef (425), Châbons (517), Virieu (563), Champier (554).

3° Coteaux de Beaurepaire :

(vallées du Dolon, de la Sanne, de la
Varèze, de la Gère, de la Véga...

— de Nantoin (587) (nombreux
étangs), Pommier (495), Revel
(420), Primarette (435), Mois-
sieux, Cour-et-Buis (467),
Monsteroux, Montseveroux
(405), Vernioz (385), Assieu
(360)...

— de Semons (561) (des étangs),
Saint-Jean-de-Bournay (562),
Eyzin (344)...

— de Bonne-Famille (360), Sep-
tème (350), Estrablin (280)...

— d'Heyrieu (314), Villette (288),
Simandres (219)...

Ces côteaux, comme les précédents, se terminent
en plateaux à terrains de formation identique
avec moins d'extension des cailloutis pliocènes
altérés.

Nous rencontrons donc successivement dans
l'ensemble molassique du bas Dauphiné :

*Des côteaux, versants et hauts plateaux de
molasse marine et de molasse d'eau douce.*

Molasse marine. — La mer molassique a
atteint les chaînes subalpines qui lui ont servi de
falaise discontinue ; elles étaient donc déjà émergées,
formaient un relief. Cette mer les a pénétrées, mais
partiellement, et dans leurs premiers ridements
seulement : vallées de Rencurel, de Lans et d'Au-
trans ; vallées de Voreppe, St-Laurent-du-Pont,

Saint-Egrève. Elle n'a pas atteint les chaînes alpines, ce qui prouve que la trouée actuelle de Grenoble-Voreppe était en exhaussement et moins profonde qu'aujourd'hui.

Les assises molassiques sont redressées dans le voisinage de ces chaînes alors qu'elles sont presque horizontales à une certaine distance.

La molasse marine est une roche silicieuse à grains fins cimentés par un ciment calcaire; elle contient 26 pour 100 de carbonate de chaux (St-Nizier), 31 pour 100 (St-Appolinard), 13 pour 100 (Chatte) Vers les rivages se montrent des intercalations de cailloux variés, parfois impressionnés, des silex rouges, lie de vin. Ailleurs il y a fréquemment aussi des intercalations sablo-caillouteuses et même marneuses dans le Royannais.

Les couches supérieures sont plutôt sableuses ou caillouteuses que rocheuses. Les versants se désagrègent irrégulièrement et les bancs rocheux, un peu plus résistants, dessinent des sortes d'entablements caractéristiques. Les cailloux de fond sont quelquefois cimentés par le calcaire qu'ont dissous les eaux de ruissellement.

Les sols sont généralement sablo-caillouteux parfois peu et même pas calcaires, et le paysage se montre en croupes modérément vallonnées à pentes assez douces.

Les versants sont souvent boisés autour de la ligne de coteaux de la rive droite de la basse Isère, en essences feuillues, notamment chêne, hêtre, charme et particulièrement châtaignier. Ce dernier y est cultivé pour ses fruits et il couvre d'importantes étendues en taillis dont l'exploitation et la mise en œuvre produisent un actif mouvement commercial d'échalas, perches et piquets pour treillages et clôtures.

Le châtaignier est l'arbre des sols siliceux et caillouteux; comme ces sols occupent une partie très importante de la région, il y est donc très commun.

»Les terrains d'origine molassique sont favorables à la plupart des cultures lorsque l'altitude et leur constitution s'y prêtent. Les vallons conviennent : aux arbres fruitiers y compris le noyer : communes des cantons de Tullins, Vinay, St-Marcellin ; à la vigne : beaux et bons vignobles des versants qui bordent la rive droite de l'Isère des mêmes cantons ; crû estimé de Murinais, en Syrah de l'Ermitage, appelée Marsanne noire dans le pays; céréales, prairies naturelles dans les vallons et prairies artificielles, pâturages.

Les plateaux molassiques du groupe, rive droite de l'Isère, ont une altitude de 300 à 600 mèt.; ceux du groupe Pont-de-Beauvoisin, de 300 à 350 et ceux du groupe Merlas, St-Laurent-du-Pont, de 400 à 800 mètres.

Dans les massifs boisés avoisinant les chaînes subalpines de la Chartreuse, les résineux sont associés aux feuillus.

Molasse d'eau douce. — On désigne sous ce nom un puissant ensemble de cailloutis cimentés en poudingues à cailloux surtout cristallins où prédominent les quartzites et les silex, avec intercalations de sables, de marnes, de molasse désagrégeable (le niveau ligniteux de la Tour-du-Pin fait

partie de ce groupe). Les bancs marneux constituent des couches aquifères intéressantes notamment dans la région de St-Savin, St-Chef, où il y
en a un très constant.

Cette formation occupe une place dominante
dans la région extra-alpine.

Les versants de ces coteaux donnent des sols
caillouteux, sableux, marneux et les plateaux qui
les couronnent, en dehors des recouvrements glaciaires, fournissent des sols sablo-argileux à la surface, caillouteux en profondeur souvent transfor-
més en poudingues imperméables, presque tous
pauvres ou très pauvres en calcaire.

Le poudingue est un béton cimenté par un mor-
tier sablo-calcaire provenant du lessivage superfi-
ciel (29 pour 100 de carbonate de chaux à Ruy).

Les assises molassiques proprement dites sont
formées d'une roche sableuse moins dure que la
molasse marine, souvent même très désagrégeable
(à 48 % de carbonate de chaux à Saint-Jean-de-
Bournay, 0,3 % seulement à Sonnay).

Les versants sont souvent boisés, parfois
aussi ils sont, aux basses altitudes, occupés
par des vignobles dont quelques-uns sont renommés, Cessieu, Crucilieu, Saint-Savin,
Saint-Chef.

Les vallons, les bas versants et les plateaux
sont cultivés et produisent des cultures assez
variées : — sur les pentes, terrains marneux,
sableux, caillouteux selon les niveaux ; dans
les vallons, céréales, arbres fruitiers, prairies,
plantes fourragères. Les plateaux, là où ils ne
sont pas recouverts par des dépôts glaciaires

ultérieurs sont silico-argileux ou argileux à la surface, caillouteux et à poudingues en profondeur.

En général, sols peu calcaires, souvent peu profonds, craignant la sécheresse en été, de fertilité très variable.

Les plateaux molassiques :

Du groupe Bièvre, Valloire, Roybon...ont une altitude de.................... 5oo à 79o^m
Du groupe de la Tour-du-Pin... une altitude de.................... 4oo à 56o^m
Du groupe de Beaurepaire... une altitude de.................... 22o à 58o^m

Les premiers pourraient être appelés hauts plateaux, de (5oo à 8oo^m), et les seconds bas plateaux de (2oo à 5oo).

En résumé nous les désignerons sous le nom de hauts plateaux, couronnant tous des coteaux bien caractérisés.

Les hauts plateaux de la zone molassique peuvent être rapportés à trois formations.

Terrains en place où affleurent les cailloutis miocènes, c'est-à-dire la molasse marine et la molasse d'eau douce, comme nous venons de les définir.

Terrains de charriage { à cailloutis *pliocènes* ou altérés. à dépôts *glaciaires* et *fluvio-glaciaires.*

Les caractères des premiers viennent d'être

sommairement définis dans les deux horizons.
La molasse, normalement assez calcaire, perd
du carbonate de chaux en passant au facies sableux : intercalations sableuses, caillouteuses,
argileuses, marneuses variables et couches de
poudingues. Dans les sols qui dérivent de cet
ensemble complexe le calcaire est relativement
rare ; les sables argileux, les argiles sableuses ou
marneuses et les cailloutis cristallins dominent.

Les terrains de charriage à *cailloutis pliocènes*
se montrent surtout vers le Sud et l'Ouest, et
le vaste plateau de Chambaran en est un exemple typique. Les cailloux qui dominent sont des
quartzites et des silex plus ou moins profondément altérés, devenus opaques et même friables. L'ensemble est recouvert d'une boue glai-
seuse et il existe des bancs marneux. Une
marne de cette provenance titre 77 % de carbonate de chaux ; un tuff 64 % ; une marne de
Colombe près du Grand-Lemps titre 71 %.

Les sols sont un peu humides, froids, d'une
fertilité très variable, sauf dans quelques vallons
secondaires.

Massifs boisés en essences feuillues, commerce de bois et d'écorce, cultures assez pré-
caires ; quelques dépôts tourbeux et gisements de
sables et argiles réfractaires en voie d'exploitation. Ces cailloutis pliocènes appartiennent aux
plus hauts plateaux.

Les dépôts glaciaires couvrent une bonne
partie de tous les hauts plateaux ; les terrains
formés sont sablo-caillouteux et toujours plus ou
moins argilo-marneux.

En raison de leur altitude et de leur constitution, ils sont un peu froids, souvent humides et en général assez fertiles en raison de l'exotisme panaché de leurs éléments d'origine. Sur quelques-uns de ces plateaux à recouvrements glaciaires, il existe de petits étangs dans des cuvettes anciennes enduites de boues glaiseuses.

Les marnes d'origine glaciaire sont d'autant plus calcaires qu'elles ont été déposées à moins de distance des bordures à roches calcaires.

Nous avons trouvé dans ces marnes provenant :

des Avenières — marne appelée *marc* — gravier cristallin cimenté par du carbonate de chaux........ .... 32 %.

de Pajay................. .... 34 %.

de Pommier-de-Beaurepaire......... 25 %.

Ces dépôts glaciaires étendus constituent des moraines de fond. Terrains boisés, cultivés, prairies.

Les cultures sont : céréales, plantes fourragères, vigne, mais aux basses altitudes ; adaptation difficile dans les couches marneuses.

Hautes vallées et bas plateaux.

Formés de terrains silico-argileux à cailloutis alpins, d'origine fluvio-glaciaire, généralement pauvres et même très pauvres en calcaire.

Vallées de la Bièvre et de la Valloire séparées par la moraine transversale de Pajay, de Rives

(435), à Marcillolos (333), puis de St-Barthélemy-Faramans (331-370), à la plaine de St-Rambert d'Albon (162).

D'Eydoche (513), Commelle (411), aboutissant à la précédente par Faramans.

De Saint-Jean-de-Bournay (362) à Vienne.

De Tullins à Saint-Marcellin par Notre-Dame-de l'Osier et Vinay (450-351). — Châtaignier, noyer, céréales, prairies.

Le sol de ces vallées généralement silico-argileux est plus ou moins caillouteux et ordinairement pauvre en calcaire ; les engrais chimiques, notamment les phosphates, y réussissent très bien.

La vallée de Bièvre est sèche ; celles d'Eydoche-Commelle et Tullins-Saint-Marcellin sont fraîches.

Dans la Valloire, le Suzon a creusé une petite vallée dans l'ancienne qui présente actuellement trois niveaux distincts.

Cultures prospères de céréales, sarrazin, pomme de terre, fourrages artificiels, luzerne, vigne et un peu d'élevage ; arbres fruitiers, y compris le noyer.

Dans la région de Beaurepaire, le tabac donne de bons rendements.

A ces hautes vallés qui débouchent dans la plaine de St-Rambert, Assieu, les Côte-d'Arey (de 160 à 250), peuvent être rattachés :

Les *bas plateaux* de la région d'Apprieu, du Grand-Lemps, de Burcin, appelés « Terres froides » de même constitution générale (navets de Flachère et Champier.

Les *bas plateaux* de Moissieu (342), Pact (262), Jarcieu (231), Bougé (219), Sonnay (259), Anjou, Agnin (238), très fertiles, où prospèrent la vigne, le pêcher et diverses espèces fruitières, ainsi que les céréales, les prairies artificielles, la luzerne, le tabac.

Dans les cantons de Beaurepaire Vienne et Roussillon, le pêcher occupe une place importante et produit un commerce d'exportation d'environ 600.000 fr. par an.

Vallée de l'Isère de Moirans à Saint-Lattier.

Cette vallée comprend deux niveaux :

Le *niveau actuel* à alluvions modernes a formées d'un sable très fin argilo-calcaire, souvent humides par infiltrations, à prairies et bauchères. Ce niveau, qui a son maximum de largeur vers Moirans et Tullins, se rétrécit en descendant.

Un *niveau antérieur* d'alluvions anciennes a sablo-argileuses et caillouteuses formant une large *terrasse continue* de Vourey à Saint-Marcellin par Vinay, qui va au contraire en s'élargissant et sur laquelle sont situées, à l'intersection de quelques petites vallées transversales molassiques formant cônes de déjections, les petites de Tullins (302), Vinay (263), Saint-Marcellin (281).

Cette terrasse est très fertile et toutes les cultures y sont remarquablement prospères : céréales, plantes sarclées, plantes fourragères, tabac, et particulièrement le noyer greffé en variétés de table : mayette, franquette, parisienne, que l'on retrouve sur la rive gauche subalpine, fournissant au commerce d'exportation, en Amérique, un appoint de près de deux millions de francs.

Basses vallées.

Vallée de la Bourbre, marais de Bourgoin, marais de Crémieu, plus ou moins tourbeux.

Puis toute une série de petites vallées accessoires qui ravinent les coteaux molassiques et qui sont généralement fertiles : Dolon, Varèze, Gère.

On exploite la tourbe comme combustible à Virieu-sur-Bourbre, La Verpillière, Saint-Quentin. Cette tourbe qui contient de 11 à 12 pour 1.000 d'azote pourrait être utilisée comme litière avantageusement, puisque la paille ne dépasse pas 3 pour 1.000 d'azote. — Cressonnières de Meyzieu, Décines.

Ces basses vallées, lorsque l'humidité est en excès, ce qui est dû à des couches de fond imperméables, argileuses ou argilo-sableuses, le sable à grain très fin agglutiné par l'argile, et malgré l'humus qui s'entasse produisent des prairies médiocres ou des cultures restreintes.

Les marnages, chaulages et phosphatages produisent souvent des résultats remarquables et parmi les phosphates, la forme scorie est une des meilleures à essayer.

Le drainage est surtout l'amendement préparatoire par excellence et il est possible dans la généralité des cas, presque toutes les vallées ayant une pente suffisante pour assurer l'écoulement de l'eau par des tuyaux.

Quelquefois pourtant le lit des rivières ou ruisseaux est en exhaussement ce qui aggrave la situation et augmente les difficultés d'exécution.

Plaines.

Les principales sont celles :

De la région lyonnaise, intercalées entre les bourrelets morainiques de Saint-Quentin, Colombier, Pusignan, Janneyrias, Villette..... (rive gauche de la Bourbre), Jameyzieu, Pont-de-Chéruy, Crémieu (rive droite), Grenay, Saint-Laurent, Bron, les coteaux d'Heyrieu, Chaponnay et l'éperon cristallin de la bordure du Rhône.

Ces plaines ont une altitude moyenne de 200ᵐ; elles enclavent quelques plateaux limoneux (lehm) de 210 à 250ᵐ.

La constitution sablo-argileuse et caillouteuse est très constante; le sol convient, à peu près à toutes les cultures; céréales, plantes sarclées, prairies artificielles, notamment la luzerne, plantes maraîchères vers la banlieue lyonnaise; peu de vignes et d'arbres fruitiers; production laitière importante :

De la région sous-Viennoise où débouche la Val-loire et les petites vallées du Dolon, de la Sanne, de la Varèze...enclavant le petit îlot pliocène de Roussillon. Cette plaine suit la ligne des coteaux molassiques d'Agnin, Assieu, Vernioz, les Côtes d'Arcy ... et finit, au nord, à l'amorce cristalline de Saint-Prim. Elle aboutit au Rhône et constitue une vaste terrasse, caillouteuse à' qui surplombe le niveau actuel de la vallée a* de 20 à 30^m. Cette plaine présente d'ailleurs 2 niveaux ; une en bordure de 150^m environ qui domine la vallée du Rhône de 20 à 30^m et un niveau général de 200 à 250^m. Cette plaine fertile produit toutes cultures : les arbres fruitiers abondent, les céréales, les plantes fourragères sarclées y sont prospères : la vigne est souvent associée à d'autres cultures.

Moraines.

Nous désignons sous ce nom, non plus les dépôts morainiques des plateaux, mais les *bourrelets morainiques* cités plusieurs fois déjà et constituant des lignes de petits roteaux d'une constitution très différente de celle des plaines ou hautes vallées où ils ont été conservés.

Ligne morainique de Saint-Quentin à Bron par Saint-Laurent et Saint-Bonnet-de-Mure, Saint-Priest, d'une altitude de 280 à 286^m, la plaine environnante ayant environ 200^m.

Bourrelet de Villette, Pusignan, Saint-Quentin, Saint-Georges-d'Espéranche, d'une altitude de 245 à 335^m, alors que la plaine a en moyenne 210^m.

Ligne morainique de Marcilloles, Pajay, Dantimont, Faramans, d'une altitude de 356 à 435^m, la Bièvre finissant à 342-347^m et la Valloire débutant à 345^m.

Ces moraines dessinent donc des coteaux dont l'exhaussement varie entre 10 et 125^m.

Elles sont formées de sols toujours plus ou moins argileux, argilo-sableux, parfois même un peu glaiseux, avec intercalations marneuses. Ces sols sont profonds, frais, souvent même humides.

A Pajay, le banc marneux contient 34 % de carbonate de chaux.

Ces bancs marneux sont précieux, car les plaines et hautes vallées silico-argileuses, caillouteuses, sont le plus souvent dépourvues de calcaire et les vallées tourbeuses signalées précédemment sont utilement influencées par les marnages et chaulages.

Nous avons signalé des marnes plus riches en carbonate de chaux que celles de Pajay et des Avenières (marc), puisque nous en avons rencontré titrant 77 %, à Chambaran et 71 %, à Colombe, près du Grand-Lemps.

Indépendamment de ces grandes lignes morainiques sur lesquelles ont été bâtis de préférence les villages lorsqu'elles sont dans des plaines comme on le constate pour Saint-Bonnet, Grenay, Saint-Laurent, Saint-Priest, Colombier, Pusignan, Pajay, il existe aussi des moraines plus réduites, plus locales, qui jalonnent les divers niveaux de terrasses qui correspondent aux épisodes du phénomène continu de creusement des vallées, phénomène dont on peut se faire une idée en remarquant qu'en amont de Grenoble (212ᵐ), la vallée de l'Isère a dû être déblayée d'au moins 800ᵐ, puisque sur le plateau de Saint-Nizier (1.100ᵐ) et dans le vallon de Saint-Pancrasse, Saint-Bernard (1.000ᵐ) sont restés des dépôts glaciaires attestant qu'à cette époque le plan de la vallée était forcément à leur niveau.

Les terrains morainiques sont en général assez fertiles, parfois très fertiles, mais la compacité de certaines couches à faciès marneux les rend d'adaptation irrégulière à plusieurs cultures, notamment aux plantations arbustives, la vigne plus particulièrement.

Les *éboulis* de pente aussi variés que les versants qui les produisent sont plus localisés dans la région extra-alpine à altitudes modérées que dans la région intra-alpine à hautes altitudes. Ils peuvent être argileux, sableux, calcaires, parfois tuffeux, mais ne représentent, dans l'ensemble, qu'une importance restreinte.

2°. — **Zone cristalline** (faciès Plateau Central).

Coteaux et petits plateaux de la rive gauche du Rhône, région Viennoise : Saint-Symphorien-d'Ozon, Ternay, Pont-Évêque, Vienne, Vaugris, Saint-Clair, Saint-Prim..., pointement de Chamagnieu ; quelques affleurements houillers (Communay).

Les plateaux d'une altitude de 200 à 300^m sont aussi partiellement recouverts de dépôts glaciaires et de cailloutis ; dans ce cas les sols sont analogues à ceux des autres plateaux, le soubassement et ses affleurements sont seuls différents.

Terrains siliceux, silico-argileux, souvent caillouteux, légers, chauds ; parfois peu profonds et craignant la sécheresse.

Vignes, arbres fruitiers : pêchers, cerisiers, abricotiers.

Crûs de Seyssuel (297^m), Les Roches.

3°. — **Zone jurassique** (à facies jurassien).

Cette zone constitue ce que l'on désigne souvent par « balmes et plateaux de l'Ile de Crémieu ».

C'est une unité très naturelle au triple point de vue géologique, géographique et agricole. Elle est comprise dans le grand contour que fait le Rhône entre la jonction du Guiers et de l'Ain et dont la pointe est à Vertrieu, limitée ainsi au Nord par le Rhône, vers l'Ouest par une ligne de falaise calcaire allant de la Balme à Crémieu par Hières et Vernas, aboutissant au petit pointement granitique de Chamagnieu pour finir au Sud à la vallée de la Bourbre qu'elle déborde par les quelques affleurements de Saint-Quentin, Vaulx-Milieu, la Grive ; elle remonte vers l'Est par une ligne continue qui jalonne la vallée Ile-d'Abeau-Bourgoin-Sablonnières, déjà citée, s'infléchit vers le Sud par Vézeronce, Morestel, pour rejoindre le Rhône vers l'Est, à Brangues.

C'est en somme une sorte de grand triangle un peu irrégulier dont le sommet Nord est à Vertrieu, le sommet Sud-Ouest à Vaulx-Milieu et le sommet Sud-Est à Brangues, le sommet Vaulx-Milieu arrondi avec quelques dentelures et le sommet Brangues présentant un avancement arrondi par Sermérieu-Vézeronce.

Cet ensemble comprend toute la série jurassique du *lias* au *portlandien* avec prédominance du jurassique moyen, le *bathonien* particulièrement. Nombreuses et importantes carrières de la pierre dite de Villebois, à Montalieu, Porcieu, Amblagnieu ;

carrières de la Grive. Usines à chaux hydrauliques provenant de *l'oxfordien*, à Trept et Saint-Hilaire.

La proximité des carrières fait employer souvent les dalles en clôtures et la pierre en piquets, pour les vignes conduites en cordons et en petits treillages, ce qui donne aux cultures un aspect très spécial.

Cette île jurassique est en grande partie ceinturée d'un niveau d'alluvions anciennes en basses terrasses dans lesquelles le Rhône s'est creusé son lit actuel. Le niveau de ces terrasses est de 208^m vers Hières, et celui des alluvions modernes actuelles de 187^m. A Crémieu, la plaine débute à 208 et 212^m ; la vallée Bourgoin-Sablonnières a 225^m et la plaine de Vézeronce au Rhône par Morestel a 211-219^m. A Montalieu, Charette, les basses terrasses sont à 212-248^m et le niveau des alluvions du Rhône à 200^m.

Les alluvions modernes sont souvent humides, marécageuses, mêmes parfois tourbeuses : vallée de la Bourbre, marais de Crémieu, marais de Bourgoin à Sablonnières.

L'ensemble du massif jurassique ou calcaire se termine en plateaux ondulés à nombreux blocs erratiques ; sur ces plateaux abondent des dépôts glaciaires qui se sont déposés dans des dépressions ou sur des promontoires de bordure. Dans la ligne de ces dépôts, de Soleymieu à Optevoz, on trouve une série de petits étangs.

La falaise Villemoirieu, Crémieu, Verna, Hières, La Balme, est en calcaires bajociens et elle a une altitude de 256 à 428^m ; les autres étages affectent un certain parallélisme avec cette ligne jusqu'au sommet de Brangues. De sorte que le triangle pourrait-être défini ainsi : sa base serait la ligne de Frontonas à Vertrieu passant par Crémieu, Hières, La Balme; ses deux autres côtés suivraient d'une part la vallée Ile-d'Albeau, Trept, Arandon, avec inflexion à Sermérieu, puis la vallée du Rhône d'autre part, et le sommet serait à Brangues. Dans le triangle, les divers étages sont successivement disposés en retrait en une série de bandes presque parallèles à la base, d'altitude décroissante.

Après la falaise de base, très étroite, de 356^m à 428^m, on trouve une large bande de calcaires *bathoniens* de 434^m, 382^m, 320^m, 253^m. d'altitude, par Vénérieu, Dizimieu, Sainte-Baudille, Parmilieu.... une bande *oxfordienne* de 369^m, 339^m, 301^m... par Trept, Optevoz, Montalieu..., une large bande de calcaires *rauraciens* par Soleymieu, Courtenay..., de 315^m, 379, 335^m, 354, 316^m, 246^m, et ces bandes sont de plus en plus courtes.

Les terrains de la région de Crémieu sont donc très variés ;

Des *alluvions modernes* de 185^m à 210^m d'altitude moyenne, sablo-argileuses, souvent humides, même marécageuses, en prairies et marais à cultures plus ou moins localisées, sauf dans la belle plaine de Vézeronce, Morestel, le Bouchage au Rhône et la vallée de Thuellin, les Avenières, Veyrins, très fertiles et aptes à toutes les cultures : céréales, plantes sarclées, plantes fourragères, tabac, élevage, vigne en coteaux, arbres fruitiers.

Des *alluvions anciennes* en basses terrasses de 208^m à 250^m d'altitude à sols sablo-caillouteux génénéralement fertiles et productifs : cultures variées ; élevage important, production laitière.

Des *versants* généralement calcaires, parfois avec placages glaciaires ; fréquemment boisés en essences feuillues formant des bois importants ; la vigne y produit quelques bons vignobles.

Des *plateaux* formés par des sols en place provenant de la désagrégation du soubassement calcaire et par des apports glaciaires : les *premiers* sont calcaires, et, quand ils manquent de profondeur la sécheresse leur est particulièrement préjudiciable. Beaux massifs boisés ; quelques forêts importantes, sources rares sauf dans les marnes oxfordiennes ; les *sols morainiques* sont sablo-argileux, caillouteux, avec bancs marneux formant quelques niveaux aquifères. Ces terrains sont ordinairement assez fertiles : quelques vignobles, céréales, plantes sarclées, arbres fruitiers, pâtura-rages, élevage.

II

LES ANIMAUX

L'ensemble de la population animale du département représente une valeur totale évaluée plus loin à 67,796,000 fr., valeur d'ailleurs inconstante ainsi qu'il sera expliqué.

Dans ce total l'espèce chevaline représente près de 14 millions et l'espèce bovine près de 46 millions; ce sont donc ces deux espèces, la seconde surtout, qui assurent la richesse principale.

L'élevage du *cheval* dans notre pays de petite culture ne peut acquérir un grand développement; néanmoins, dans les arrondissements de Vienne et La Tour-du-Pin il a une certaine importance, et les stations d'étalons de l'État ainsi que les concours annuels de juments poulinières contribuent à le diriger et à l'encourager.

Dans ces stations les étalons 1/2 sang dominent, mais sur la demande de nombreux praticiens et pour les besoins directs de la culture qui exige le cheval de trait, on accorde une place à des étalons de race bretonne.

Le cheval de pays qui n'a aucun caractère de race, faute de fixité, est de taille moyenne, un peu court, résistant; il aurait des qualités réelles si on ne l'exposait à des tares prématurées par un dressage trop hâtif.

L'espèce *mulassière* est surtout localisée dans le Bourg-d'Oisans et dans la basse vallée de l'Isère, vers Saint-Marcellin.

Dans l'Oisans on en produit quelque peu, trop peu; et vers Saint-Marcellin on achète pour les besoins de la culture.

La population *bovine* assez panachée dérive néanmoins de plusieurs types distincts fréquemment croisés.

La race du *Villard-de-Lans* est originaire de ce canton, qui forme une unité géologique très remarquable. C'est une excellente race de travail et de boucherie, à aptitude laitière moyenne. Elle a le pelage froment clair, très constant, les muqueuses roses et une taille au-dessus de la moyenne. On peut la considérer comme un *type subalpin* dérivé de la *race jurassienne*; on en trouve des spécimens purs ou croisés dans le Trièves, le Vercors, la vallée de l'Isère et vers le Nord du département, région de Saint-Geoire, La Tourdu-Pin....

La race *tarentaise* d'origine savoisienne est un *type alpin* à pelage froment fauve plus ou moins foncé et passant au noir vers les extrémités, l'encolure; elle a les muqueuses noires.

De moindre taille que la précédente elle lui est inférieure pour le travail et la viande, mais elle lui est supérieure en aptitude laitière.

Elle est très répandue dans la bordure intra-jurassique qui entoure les massifs centraux des chaînes alpines signalée comme zone à pâturages, dans les hautes vallées et hautes terrasses : La Salette, La Mure, l'Oisans, Allevard, etc. Elle descend aussi vers les basses vallées où elle est fréquemment croisée avec la précédente : les métis, en tant qu'animaux de service sont très appréciés. Elle suit la vallée de l'Isère, atteint la vallée du Rhône et pousse même jusqu'au littoral méditerranéen.

Vers les plaines lyonnaises et dans les vallées qui entourent les coteaux molassiques des environs de Bourgoin, de La Tour-du-Pin et les versants jurassiques de Crémieu on trouve des animaux à robe tachetée issus d'importations anciennes et récentes de la *race tachetée* du Jura français et du Jura suisse; Montbéliarde, Comtoise, Bernoise, Simmenthal... Les vaches de ces races sont grandes, fortes et très bonnes laitières.

Néanmoins la population bovine de cette partie du département située dans la *région extra-alpine* manque d'homogénéité et ne peut être assimilée à une race unique et caractérisée.

L'Espèce ovine ne présente rien de particulier dans notre département. Les animaux dérivent de la race assez vaguement déterminée dite « des Alpes » et n'ont que des aptitudes moyennes comme laine et viande.

— 42 —

L'été amène dans notre *région intra-alpine* une population ovine exotique presque égale à notre population indigène.

La *chèvre des Alpes* a des qualités reconnues, mais son extension vers la zone montagneuse est nécessairement enrayée par tous les travaux et règlements qui ont pour but de conserver les versants boisés et aussi de reboiser ceux qui ne le sont plus.

La *production porcine* est en accroissement du fait du développement de l'industrie laitière, car la plus grande partie des sous-produits des fruitières industrielles, collectives, et individuelles, sont employés à l'élevage et surtout à l'engraissement du porc.

Effectif (Statistique de 1904)

Arrondissements de	Grenoble	Vienne	La Tour-du-Pin	St-Marcellin	Totaux
Espèce chevaline .	5.983	14.705	10.064	4.443	35.195
— mulassière	2.387	910	265	1.354	4.916
— asine	1.176	567	712	154	2.609
— bovine....	65.400	56.503	55.052	28.706	205.661
— ovine.....	75.851	26.024	11.823	14.067	127.765
— porcine...	27.597	26.780	16.214	12.007	82.595
— caprine...	13.057	29.339	11.204	18.933	72.533

La population *bovine* départementale se décompose en :

Taureaux......................	4.551
Bœufs........................	17.243
Vaches	135.519
Jeunes	48.348

La statistique de 1892 — il y a 12 ans — donnait les nombres suivants, pour l'ensemble du département :

Espèce chevaline	32.125
— mulassière	5.096
— asine.........................	2.892
— bovine (dont 128.979 vaches)....	205.567
— ovine	148.596
— porcine.......................	49.609
— caprine.......................	58.904

Et celle de 1860 :

Espèces chevaline, mulassière et asine..	52.614
— bovine	145.937
— ovine.........................	201.385
— porcine.......................	51.747
— caprine.......................	40.543

Ces nombres, approximatifs comme ceux de toutes les statistiques, montrent une décroissance continue de l'espèce ovine, un accroissement notable de l'espèce bovine dans la période 1860-1892 et un accroissement continu de l'espèce caprine.

L'espèce chevaline a un effectif plus faible en 1892

qu'en 1860 et cet effectif se relève en 1904 malgré la traction mécanique croissante et l'extension des voies ferrées qui ne paraissent pas trop progresser à ses dépens.

Valeur

La valeur dépend du nombre et des cours commerciaux. La population est assez constante, mais les cours sont variables. On peut néanmoins approximativement estimer la richesse animale du département à :

Espèce chevaline	13.752.000	francs.
— mulassière............	1.520.000	—
— asine...............	327.000	—
— bovine.............	45.955.000	—
— ovine...............	2.328.000	—
— porcine............	2.267.000	—
— caprine	1 647.000	—
Total............	67.796.000	—

Les pertes annuelles provenant de la mortalité par accidents et maladies, nécessairement variables, sont environ de :

2.41 0/0 de la valeur pour l'espèce	chevaline .
1.90	—	mulassière
2.18	—	asine .....
1.14	—	bovine....
3.52	—	ovine .....
3.59	—	porcine ...
2.14	—	caprine...

Assurances mutuelles

Les assurances mutuelles, dans l'Isère, ont débuté sous la forme de Caisses de secours annexées aux sociétés d'élevage.

La première en date est celle du Villard-de-Lans qui remonte au 7 février 1875. Vinrent ensuite celles de : La Mure, Corps et Valbonnais, du 25 mai 1883 ; Allevard, du 6 avril 1887 ; et Barraux, du 12 janvier 1892.

Les assurances mutuelles agricoles sont régies par deux législations distinctes : la loi du 21 juillet 1867 et le décret du 22 janvier 1868 ou les lois des 21 mars 1884 et 4 juillet 1900.

C'est la loi de 1884 qui consacre le véritable principe mutualiste, et celle de 1900 qui en facilite l'application en affranchissant les mutualistes des formalités et frais imposés par la loi de 1867. Ce sont les sociétés constituées conformément aux lois de 1884 et 1900 qui reçoivent de l'Etat des subventions destinées à former un fonds de réserve. Les subventions jusqu'à présent attribuées aux mutuelles-bétail de notre département atteignent 35.000 fr.

Quelques mutuelles sont déjà anciennes : Villard Saint-Christophe (1890), Brié-et Angonnes (1897), Jarrie (1895), Vaulnaveys-le-Haut (1897), mais c'est surtout depuis 1900 que leur nombre a progressé.

Nous avons actuellement :

1 société régie par la loi de 1867, et 81 par celles de 1884 et 1900.

La première compte 2.655 adhérents pour 3.670.000

francs environ de capital assuré, et les 81 autres, 3.655 adhérents pour 3.100.000 fr. de capital assuré, soit, au total, 82 sociétés d'assurances mutuelles contre la mortalité du bétail, 6.310 adhérents et 6.770.000 fr. de capital assuré.

Industrie laitière

Le nombre total de vaches est de 135.519.

Dans notre département, où le sol est très morcelé, beaucoup sont employées aux travaux des champs et au transport des bois dans les régions montagneuses.

Le travail mécanique fait baisser le rendement en lait et il est peu favorable au développement de l'aptitude laitière. Dans le territoire du département livré à la culture, nous avons 41 0/0 en propriétés de 0 à 1 hectare, 37 0/0 en propriétés de 1 à 5 hectares et 13 0/0 en propriétés de 5 à 10 hectares, c'est-à-dire 91 0/0, exploités d'après les méthodes de la *petite culture*.

La vente du lait en nature absorbe une notable quantité de la production, surtout dans le voisinage des villes et des centres industriels, ainsi que les dérivés, beurre et fromages divers.

Il y a en outre, des *laiteries* qui vendent du *lait normal*, en flacons cachetés, ainsi que du *lait stérilisé*, et des usines, dites *fruitières*, individuelles ou coopératives qui produisent du beurre et des fromages de différents types : camembert, gruyère, Mont-d'or, Saint-Marcellin, bleus (Sassenage, Gex, façon Roquefort). Quelques fruitières revendent parfois du lait écrémé *pasteurisé*, notamment à Lyon (Brezins, Marlieu.)

L'industrie laitière s'est beaucoup développé depuis quelques années et malgré quelques crises temporaires elle est en période d'accroissement. Les principaux débouchés, outre les marchés locaux, sont: Grenoble, Lyon, St-Étienne, mais surtout Marseille, ainsi que diverses villes du littoral méditerranéen. Il se fait aussi des expéditions en Algérie et même en Tunisie. Les beurres de nos régions alpestres et quelques types de fromages, Sassenage et St-Marcellin notamment, sont estimés et ont une réputation établie.

On compte actuellement :
26 laiteries particulières ;
62 beurreries-fromageries ou fruitières particulières ;
11 beurreries-fromageries ou fruitières coopératives.

Ces 98 établissements traitent ou vendent le lait produit par 10.960 vaches et 250 chèvres.

La moyenne annuelle de production d'une vache ressort à 1.500 litres et celle d'une chèvre à 500 litres environ.

Les vaches tarines de la zone montagneuse produisent de 1.200 à 1.400 litres et les vaches des plaines, des vallées et de la zone subalpine 1.800 litres. Dans quelques vacheries spéciales, les grandes laitières tachetées (de Simmenthal, de Montbéliard, d'Abondance et de Schwitz), produisent jusqu'à 2.200 litres annuellement.

Les fruitières individuelles et coopératives traitent 146.480 hectolitres de lait par an.

Les laiteries produisent 19.850 hectolitres de lait par an.

La production industrielle *annuelle* se décompose ainsi :

Lait naturel et stérilisé..	19.850 hect.	496.000 f.
— écrémé pasteurisé...	10.950 —	98.550 »
Beurre.................	460.000 kil.	1.196.000 »
Fromages divers.........	750.000 —	825.000 »
Production porcine, poids vif	100.000 —	80.000 »
	Total.........	2.695.550 f.

La plupart des fruitières utilisent les sous-produits à l'élevage et surtout à l'engraissement du porc.

En période estivale, les troupeaux alpestres contribuent à augmenter cette production et, depuis quelques années, les communes d'Engins, Lans et le Villard-de-Lans font des expéditions journalières de lait à Grenoble. Dans la région lyonnaise, il y a aussi des laitiers qui achètent du lait aux petits propriétaires et l'expédient en gros à Lyon.

Le prix moyen du litre payé par les fruitières individuelles est de 0.10 ; 0.09 au minimum et 0.12 au maximum.

Quelques fruitières coopératives assurent à leurs adhérents 0.14, mais le plus souvent elles ne dépassent pas 0.10 à 0.12. Elles offrent l'avantage de partager les sous-produits et d'éviter l'entretien de porcheries populeuses d'une hygiène difficile, souvent défectueuse.

Apiculture

En 1902 on a évalué la production ainsi :
Nombre de ruches.................... 27.946
Miel................................ 123.814 k.
Cire................................ 29.429 —
Valeur de la production............ 259.000 fr.

Sériciculture

En 1905, la campagne séricicole a donné lieu aux constatations suivantes :
Arrondissement de Grenoble :
50 communes; 1.930 éducat.; 82.196 k. de cocons.
Arrondissement de Vienne :
73 communes; 2.380 éducat.; 70.459 k. de cocons.
Arrondissement de La Tour-du-Pin :
58 communes; 1.322 éducat.; 38.329 k. de cocons.
Arrondissement de Saint-Marcellin :
56 communes; 2.214 éducat.; 82.700 k. de cocons.
Pour l'ensemble du département, nous trouvons les variations suivantes, de 1898 à 1905 :

1898	265 comm.	8.772 éduc.	284.910 k. de cocons
1899	262 —	9.262 —	287.845 —
1900	264 —	9.714 —	366.572 —
1901	266 —	9.368 —	348.154 —
1902	243 —	8.489 —	257.457 —
1903	231 —	7.554 —	201.125 —
1904	240 —	7.119 —	286.090 —
1905	237 —	7.846 —	273.684 —

En 1905, il a été payé aux éducateurs 164.210 fr. de primes ; les frais d'expertise ont été de 1.795 fr. 50, et les indemnités de pesage de 847 fr. 25.

La production, en décroissance continue durant la période de 1898 à 1903, tend à remonter depuis 1903.

La valeur des cocons produits en 1905, en appliquant le prix moyen de 2.90 le k°, a été de $273.681 \times 2.90 = 793.683$ fr., soit 800.000 fr. au maximum.

III

LES CULTURES

Le département comprend 4 arrondissements, 45 cantons, 563 communes et 568.693 habitants.

Surface territoriale répartie conformément à la légende adoptée par le service de la Statistique :

Terres labourables (en culture, en jachère, en prairies artificielles et temporaires).	309.432 hect.
Prés naturels......................	72 359 —
Herbages	11.849 —
Pâturages et pacages..............	85.008 —
Vignes............................	25.051 —
Landes et terres incultes.........	57.615 —
Cultures diverses (non dénommées ci-dessus : oseraies, cultures arbustières, maraîchères...).............	23.426 —
Bois et forêts....................	162.431 —
Territoire non compris dans les catégories ci-dessus................	75.513 —
Total........	822.744 hect.

La répartition par arrondissements est la suivante:

Arrondissement de Grenoble :

409.703 hect. 234.749 habit. 20 cant. 213 comm.

Arrondissement de Vienne :

172.417 hect. 134.781 habit. 10 cant. 136 comm.

Arrondissement de La Tour-du-Pin :

133.468 hect. 123.389 habit. 8 cant. 127 comm.

Arrondissement de Saint-Marcellin :

107.156 hect. 75.774 habit. 7 cant. 87 comm.

Totaux :

822.744 hect. 568.693 habit. 45 cant. 563 comm.

Céréales

Blé.

On cultive surtout les *variétés d'automne*, dérivées de l'espèce *triticum sativum*, appelées *blés fins* dans le pays.

Dans les vallées, où la verse est fréquente, on rencontre aussi quelques variétés dérivées de l'espèce *triticum turgidum* ou *gros blés*.

Parmi les premiers :

Gros bleu, rieti, rouge de Saint-Laud, dattel, blanc de Flandre, browick, crepi, hybride briquet jaune, japhet, chiddam, rouge de Hongrie, rouge barbu d'Espagne, rouge de Bordeaux, lamed, kissengland, moutin de pays, touzelle de Provence.....

Parmi les seconds :

Nonette de Lausanne, poulard d'Australie, géant du Milanais, hybride Galland.....

Si la verse est à redouter dans les vallées fraîches, la rouille ne l'est pas moins dans toutes les régions un peu brumeuses, certaines années surtout : rouille linéaire (*puccinia graminis*) et rouille tachetée (*puccinia rubigo vera*).

Production en 1904 :

Surface : 110.226 hectares.

Rendement moyen à l'hectare en grain 14 hectolitres.

Rendement moyen à l'hectare en paille, 20 quintaux métriques.

Poids moyen de l'hectolitre, 75 k. 500.

Production totale en grain, 1.543.164 hectolitres.

   —   —   1.165.088 q. métriq.

  .—   en paille, 2.213.667   —

Rapport de la paille au grain, en poids = 1,90.

Quantité de semence à l'hectare = 250 litres, à la volée.

Quantité de semence à l'hectare = 120 à 150, au semoir.

La répartition des surfaces est de :

Arrondissement de Grenoble......	21.211	hectares
— de Vienne.	44.612	—
— de La Tour-du-Pin	25.803	—
— de Saint-Marcellin	18 600	—

Surfaces, récoltes et rendements moyens, à l'hectare, antérieurs à 1904 :

1860	100.330 hect.	1.382.000 hectol.	13.77 à l'hect.
1892	104.925	— 1.147.965	— 13.80	—
1894	114.800	— 1.888.906	— 16 40	—
1896	114.730	— 1.829.911	— 16.08	—
1897	111.455	— 1.516.586	— 14.00	—

1898	111.424 hect.	1.722.481 hectol.	15.40 à l'hect.
1899	112.899 —	1.718.902 —	15.21 —
1900	118.198 —	1.874.142 —	15.84 —
1902	113.880 —	1.567.860 —	13.77 —
1903	112.516 —	1.808.209 —	16.07 —
1904	110.226 —	1.543.164 —	14 —

Si les statistiques étaient précises, quant aux surfaces et aux rendements, on en pourrait déduire des conclusions intéressantes relatives au progrès cultural, mais toutes réserves s'imposent à cet égard.

L'hectolitre de blé pèse de 75 à 80 k.; la moyenne est de 76 k.

En 1904, on a estimé le poids moyen à 75 k. 500.

On ensemence à la main (à la volée) et au semoir ou en lignes. Les semis en lignes n'excèdent pas le 1/10 des ensemencements.

Sur quelques hauts plateaux, on cultive le blé de printemps et partout ailleurs le blé d'automne, à peu près exclusivement.

L'ensemencement à la volée exige environ 250 litres de grain à l'hectare ; pour l'ensemencement au semoir ou en lignes, selon l'écartement des lignes, 120 à 150 litres suffisent — l'écartement varie de 0.22 à 0.32 ; la moyenne est de 0.25.

Si nous défalquons de la récolte de l'année la quantité de semence nécessaire — 110.226 hectares à 225 litres à l'hectare — nous trouvons $110.226 \times 225 = 248.000$ hectolitres. Il est resté pour la consommation $1.543.164 - 248.000 = 1.295.164$ hectolitres représentant $\dfrac{1.295.164 \times 75.5}{100} = 977.818$ quintaux métriques.

Dans la pratique, 1 k. de blé produit sensiblement 1 k. de pain ou 750 grammes de farine.

D'enquêtes diverses faites dans des établissements publics, où dominent les adultes et les adolescents, il résulte que la consommation moyenne de pain, par jour et par tête, est de 666 grammes, quantité correspondant à 666 gr. de grain. Mais pour l'ensemble de la population comprenant, en outre, femmes et enfants, on peut adopter 600 grammes.

Comme nous avons 568.693 habitants, la quantité de blé nécessaire à la consommation annuelle peut être évaluée à

$$\frac{568.693 \times 0.600 \times 365}{100} = 1.245.437$$

quintaux métriques.

La récolte de 1904, après les semences déduites, n'étant plus que de 977.848 q. m., la production départementale a donc été inférieure à la consommation, de $1.245.437 - 977.848 = 267.589$ quintaux métriques.

La liberté des échanges et les habitudes commerciales font que la population ne consomme pas d'abord les produits indigènes avant d'en importer de l'extérieur; il y a toujours un double mouvement d'importation et d'exportation, mais néanmoins avec prédominance des unes ou des autres, selon que la production est en excédent ou en déficit.

La moyenne des 10 années consignées au tableau précédent est de 1.661.812 hectolitres représentant, à 76 k. l'hectolitre, 1.262.977 quintaux métriques, alors que la récolte de 1904, évaluée à 1.543.164 hectolitres était, à raison de 75 k. 500 l'hectolitre, de 1.165.088 quintaux métriques seulement, en déficit de 1.262.977 — 1.165.088 = 97.889 quintaux métriques sur l'année moyenne.

La consommation départementale moyenne annuelle est de 1.245.437 quintaux métriques ; la production moyenne de 1 262 977 q. m , et la quantité annuelle nécessaire aux ensemencements est de 192.332 q. m. La quantité moyenne disponible est alors de 1.262.977 — 192.332 = 1.070.645. Il y a, en conséquence, un déficit *moyen annuel* de 1.245.437 — 1.070.645 = 174.792 quintaux métriques.

Le département produit donc une quantité de blé *inférieure* à celle qui est nécessaire à sa consommation. Il est importateur de blé et son industrie le fait en même temps exportateur de farine ; l'exportation de la farine étant néanmoins inférieure à l'importation du grain.

Durant une période de 10 ans, l'excédent moyen des importations sur les exportations, en blé, a été de 260.797 quintaux métriques, et l'excédent moyen des exportations sur les importations, en farine, a été de 99.870 q. m. représentant 133.160 quintaux métriques de grain, de sorte que la balance en faveur des importations a été 260.797 — 133.160 = 127.637 quintaux métriques de blé, nombre un peu inférieur à celui qui a été calculé précédemment et qui est de 174.792 q. m. ce qui tient à ce que les deux séries de 10 années ne sont pas absolument concordantes et aussi à ce que dans le mouvement des importations et exportations ne sont consignées que celles qui sont effectuées par voies ferrées, les seules qui puissent être contrôlées et de beaucoup les plus importantes d'ailleurs.

En admettant comme consommation moyenne journalière par habitant, 600 grammes de blé, nous obtenons $0.600 \times 365 = 219$ k. par an, et comme la production moyenne à l'hectare a été, en 1904, de 14 hectolitres, du poids moyen de 75 k. 500, soit 1.057 k., l'hectare aurait donc pu alimenter en pain $\frac{1.057}{219} = 4,8$, soit près de *5 habitants* ; ce qui revient à dire que, selon les années, 18 à 22 ares cultivés en blé peuvent assurer le pain nécessaire à un habitant moyen — 25 ares ou un journal pour les gros mangeurs et 15 ares seulement pour les autres.

Le blé exige pour mûrir son grain une quantité de chaleur telle qu'il ne dépasse guère, sous notre climat très varié, l'altitude de 1100 à 1200 m. Au delà, il faut recourir aux variétés dérivées du triticum *spelta* et *amyleum*, aujourd'hui peu cultivées, et surtout au seigle.

Les sols légers, sableux, conviennent au seigle ; les terrains argilo-calcaires sont particulièrement favorables au blé surtout s'ils sont amplement pourvus de phosphates. En général les formations jurassiques et crétacées remplissent assez bien ces conditions, ainsi que les alluvions qui en dérivent. Le seigle est plutôt localisé sur les sols dérivés des formations granitoïdes, schisto-cristallines, les cailloutis miocènes et pliocènes et les alluvions d'origine cristalline.

La constitution et la composition physique du sol

peuvent être améliorées par des amendements appropriés (défoncements, labours profonds, écobuage, façons culturales diverses, chaulages et marnages, drainage...) et la composition chimique par l'emploi judicieux des engrais industriels et chimiques à doses complémentaires ou supplémentaires : phosphates et superphosphates en automne, nitrate et un peu de composés potassiques au printemps sont, aujourd'hui, employés couramment.

La répartition des ensemencements est à peu près la suivante:

1/4 en septembre, 1/2 en octobre et 1/4 en novembre; sur les plateaux on ensemence en août, parfois avant la récolte pendante. Ces dates sont évidemment influencées par les phénomènes climatériques toujours inconstants.

La récolte se fait en juillet et août, environ 4/5 en juillet et 1/5 en août.

La machinerie spéciale à la culture du blé comprend :

Les trieurs, semoirs, moissonneuses et batteuses.

Les trieurs sont encore rares, car dans nos pays de petite culture et en raison de la faible quantité de semence nécessaire à chaque exploitation, l'association serait nécessaire.

Les semoirs, quoique ne pouvant s'adapter à toutes les régions de notre pays accidenté sont destinés cependant à se généraliser davantage.

Les blés semés en lignes peuvent être sarclés avec des bineuses à traction animale; le grain obtenu contient moins de graines accessoires et, les cultures, de plantes adventices.

Si on ne tient compte seulement que de l'économie de semence réalisée par l'emploi du semoir, on constate qu'un instrument de 250 fr. doit semer au minimum 2 hectares 90 — soit 3 hectares en nombre rond — pour que cette économie, en estimant le blé 22 fr. les 100 k. (17 fr. l'hectolitre), puisse couvrir l'intérêt du capital à 5 0/0, l'amortissement à 10 0/0 et l'usure et entretien à 5 0/0.

Par l'association, on peut récupérer le capital en dépassant cette surface, car pour chaque hectare supplémentaire on économise un hectolitre de semence d'une valeur de 17 fr. au prix moyen actuel.

Les moissonneuses sont des machines d'un prix plus élevé qui ont moins pour but *d'économiser* la main-d'œuvre que de la *suppléer*.

Autrefois, dans nos vallées, où les blés contenaient une végétation adventice abondante, on moissonnait à la faucille à moitié tige et le reste, ultérieurement fauché et séché, était employé comme fourrage ou litière.

Aujourd'hui on abandonne la faucille, trop lente, pour la faulx, plus rapide, dans les vallées et ailleurs. Les cultures propres donnent des pailles meilleures et des gerbes qui sèchent mieux.

Quelques propriétaires et fermiers possèdent des moissonneuses pour l'exécution de leurs moissons; d'autres, ainsi que des constructeurs, sont loueurs de machines ou entrepreneurs de moissonnages. Dans ce cas, ils emploient souvent des moissonneuses lieuses, qu'il faut réserver aux cultures propres fournissant des gerbes n'exigeant pas de javelage préalable. Ces machines, dont l'usage se répand rapidement, ont le précieux avantage d'apporter de la célérité à l'exécution d'un travail qui doit être fait à point, sous peine d'une dessication exagérée et d'un égrenage onéreux.

Le battage ou dépiquage au rouleau, localisé dans les plaines lyonnaises, et au fléau ailleurs, sont des procédés coûteux, lents, très exigeants en main-d'œuvre d'une rareté croissante ; ils sont remplacés par les machines à battre à peu près partout.

Nous trouvons des machines fixes annexées à quelques usines qui utilisent l'eau comme moteur : scieries et surtout moulins à farine.

Les cultivateurs sont dans l'obligation de conduire les gerbes et de ramener la paille et le grain ; ils perdent les déchets et ce double transport consomme du temps et impose des dépenses supplémentaires.

Pour la petite culture, il a été construit des machines à bras ; elles font le travail plus rapidement qu'avec le fléau, mais leur fonctionnement est pénible et elles ne sont applicables qu'à des cas un peu spéciaux.

Quelques propriétaires possèdent des machines fixes ou locomobiles, à traction animale et à manège. Les transports d'énergie électrique qui sillonnent maintenant beaucoup de pays pourront, dans l'avenir, fournir aussi de la force motrice. Ces machines battent en bout ou en travers et, selon leur prix, elles sont pourvues d'appareils de nettoyage ou en sont dépourvues.

Enfin, les machines qui tendent à dominer sont les machines locomobiles à vapeur perfectionnées, qui battent en travers et vannent le grain : elles sont d'un prix élevé, le générateur à vapeur surtout, et elles appartiennent ordinairement à des entrepreneurs ou à des collectivités.

Seigle.

On cultive surtout la variété locale dite « seigle des Alpes ». Cette variété est estimée pour la qualité de son grain et de sa paille qui a été et est encore utilisée à la préparation de la pâte chimique par quelques papeteries. On a essayé, mais localement seulement, le seigle schlanstedt, plus tardif et fournissant une paille plus grossière.

Dans quelques pays on cultive le seigle comme fourrage précoce de printemps ; cette utilisation est très rare dans l'Isère.

Productions en 1904 :

Surface : 17.331 hectares.

Rendement moyen à l'hectare en grain 16 hectolitres.

Rendement moyen à l'hectare en paille 24,64 quintaux métriques.

Poids moyen de l'hectolitre : 70 kilog.

Rapport de la paille au grain, en poids : 2,2.

Production totale en grain : 277.296 hectolitres.
    —   —   194.107 quint. métriq.

La répartition des surfaces est de :

Arrondissement de Grenoble......... 5.102 hectares
    —   de Vienne.... .... 4.639 —
    —   de La Tour-du-Pin, 5.798 —
    —   de St-Marcellin.... 1.792 —

Le seigle occupe des surfaces importantes dans

le bas Dauphiné, dans les terrains silico-argileux à cailloutis miocènes et pliocènes et dans la région alpine aux altitudes où le climat devient trop froid pour le blé.

Surfaces et rendements moyens à l'hectare antérieurs à 1904 :

1860	43.143 hectares	13 hectolitres	
1892	22.210	—	14,80 —
1894	23.554	—	16,19 —
1895	21.628	—	14,17 —
1896	22.185	—	15,06 —
1897	20.729	—	14,60 —
1898	20.742	—	14,70 —
1899	20.640	—	14,47 —
1900	19.981	—	15,29 —
1902	17.333	—	14,46 —
1903	17.225	—	15,65 —
1904	17.331	—	16 —

Depuis 1892, la surface occupée par le seigle est en décroissance continue et l'écart entre la surface actuelle et celle de 1860 est considérable. Pour le blé, la progression est plus faible et inverse.

Le seigle est beaucoup moins exposé que le blé à la verse, quoique végétant dans des sols moins phosphatés ; sa résistance tient à ce que la paille est plus souple, les épis moins lourds et les sols plus sableux, par conséquent moins humides.

Le seigle résiste mieux que le blé à la carie, (*tilletia caries*) contre laquelle on emploie les sulfatage, chaulage et même arseniatage des semences, et à la rouille ; il est parfois atteint par le charbon (*urocystis occulta*), différent de celui du blé (*ustilago tritici*), plus commun sur l'orge (*ustilago hordei*), surtout fréquent sur l'avoine (*ustilago avenœ*) et aussi sur le maïs (*ustilago maydis*) où il provoque des sortes de tumeurs sur les épis femelles, tout à fait caractéristiques.

Il est attaqué par un champignon qui produit l'ergot (*claviceps purpurea*), heureusement assez rare, car le grain et la farine qui en proviennent possèdent des propriétés plus nuisibles encore à l'organisme que celles des grains cariés ; ces propriétés sont dues à *l'ergotine* et l'empoisonnement qui en dérive s'appelle ergotisme. L'ergot et l'ergotine sont employés en médecine ; leur action abortive est bien connue.

Ce champignon envahit très rarement le blé, mais assez souvent certaines graminées de prairies, notamment : *brachipodium, bromus*..... (1)

Méteil.

Mélange de blé et de seigle dont le rendement intermédiaire dépend du titre même du mélange. Cette culture à une importance restreinte :

Production en 1904 :

Surface : 3.195 hectares.

---

(1) Traitement des semences en vue de détruire les spores ou semences de charbon, de carie et d'ergot :

1° Mouiller la semence avec une solution froide de sulfate de cuivre à 1 %, en poids, et poudrer avec de la chaux ou laisser sécher, sans chaulage, en remuant plusieurs fois ;

2° Immerger ou tremper les semences durant quelques heures dans une solution froide de sulfate de cuivre à 1/2 % et remuer plusieurs fois durant le séchage.

Rendement moyen à l'hectare, en grain 15 hectolitres.

Rendement moyen à l'hectare, en paille 21,60
quintaux métriques.

Poids moyen de l'hectolitre : 72 kilog.

Production totale en grain : 47.925 hectolitres.

—   —   34.506 quint. métriq.

La surface, en 1860, était de : 7.901 hectares.

—	1900	—	5.205	—
—	1902	—	3.241	—
—	1904	—	3.195	—

Orge. — *(Hordeum sativum).*

Production en 1904 :

Surface : 1.863 hectares, dont 1.160 hectares environ d'automne et 700 hectares environ de printemps.

Rendement moyen à l'hectare, en grain, 17 hectolitres, 4.

Rendement moyen à l'hectare, en paille, 14 quintaux métriques, 85.

Production totale, en grain : 32.416 hectolitres.

—   —   19.773 quint. métr.

Poids moyen de l'hectolitre : 61 kilogrammes.

La surface était en 1860   de   12.811 hectares.

—	1891	—	5.100	—
—	1899	—	2.693	—
—	1900	—	2.538	—

On cultive surtout l'orge carrée d'hiver, dite
escourgeon, qui doit son nom à ce que les grains
sont disposés, dans l'épi, sur 4 rangs. Il y a des variétés à 6 rangs et à 2 rangs dont les botanistes ont fait
des types d'espèces.

Parmi les variétés de printemps la plus intéressante est l'orge Chevalier particulièrement estimée en brasserie.

L'orge seule, ou associée à diverses légumineuses du genre *vicia*, peut fournir au printemps un fourrage vert précieux.

Elle sert souvent d'abri aux semis de prairies artificielles et naturelles, à la luzerne notamment.

La farine d'orge est recherchée pour l'alimentation des animaux domestiques des espèces chevaline, bovine, ovine et porcine.

Les grains sont donnés au cheval, entiers, aplatis ou concassés, dans la région méridionale.

Le grain et la farine sont aussi utilisés pour la basse-cour.

Enfin il constitue la principale matière première de la brasserie pour laquelle on cultive aussi le *houblon*, qui produit des cônes florifères non fécondés (plante dioïque) aromatiques et stimulants.

L'orge de brasserie doit posséder des qualités spéciales ; le grain doit être riche en amidon et relativement pauvre en gluten. Les sols sableux, granitoïdes lui conviennent particulièrement. La cassure du grain est nettement farineuse et ce caractère est, pratiquement, celui que ne manquent jamais de rechercher les brasseurs.

Les déchets de brasserie, germes et drèche, sont de bons aliments pour les animaux ; ils sont donnés desséchés ou aqueux ; sous cette dernière forme ils conviennent particulièrement aux vaches laitières et aux animaux à l'engrais durant la première période de l'engraissement.

Avoine. — *(Avena sativa).*

Production en 1904 :

Surface : 28.530 hectares, dont 4.755 h. environ d'hiver et 23.775 hectares de printemps.

Rendement moyen à l'hectare, en grain 22 hectolitres 50.

Rendement moyen à l'hectare, en paille 18 quintaux métriques, 22.

Production totale en grain : 641.925 hectolitres.

— — 288.866 quint. métriq.

— en paille : 519.960 —

Poids moyen de l'hectolitre : 45 kilog.

Surfaces, rendements moyens et récoltes antérieurs à 1904 :

1860	27.143 hect.	20 hectol.	66	560.869	hectol.
1892	21.918 —	25 —	80	566.259	—
1894	24.050 —	21 —	43	515 597	—
1895	28.102 —	21 —	78	612.212	—
1896	27.626 —	22 —	90	632.379	—
1897	27.954 —	21 —	50	600.093	—
1898	27.752 —	21 —		584.823	—
1899	27.236 —	21 —	90	591.712	—
1900	28.429 —	22 —	90	616.287	—
1902	28.124 —	22 —	90	644.296	—
1903	27.644 —	25 —	52	705.537	—
1904	28.530 —	22 —	50	641.925	—

On emploie en moyenne 275 litres de semence à l'hectare, ce qui, pour une surface de 28.530 hectares, correspond à 28.530 × 2.75 = 78.457 hectolitres représentant, à 45 k. l'hectolitre, 35.306 quintaux métriques.

Les ensemencements sont à peu près répartis ainsi :

5/6 au printemps	5/12 en mars 14.711 q. m. 32.690 hectol.
	5/12 en avril 14.711 — 32.690 —
1/6 en automne	1/12 en septemb. 2.942 — 6.538 —
	1/12 en octobre 2.942 — 6.538 —

La récolte s'effectue en juillet et août dans les proportions approximatives de 5/7 et 2/7.

Le département est importateur d'avoine et sa production est inférieure à la consommation. L'excédent des importations sur les exportations est en moyenne de 59.468 q. m. correspondant environ à 132.150 hectolitres, quantité qui est presque le double de celle qui est nécessaire aux ensemencements.

La production moyenne dans une période de 11 années a été de 613.101 hectolitres ou 275.895 q. mét. pour une surface moyenne de 27.036 hectares. Si on retranche la quantité nécessaire pour ensemencer cette surface soit $27.036 \frac{275}{100} = 74.349$ hectolitres ou 33.457 q. m. et si l'on ajoute l'importation moyenne de 59.468 q. m., on obtient 301.906 q. m. disponibles pour la consommation.

Si cette quantité était *intégralement* consommée par l'espèce chevaline — ce qui n'est pas tout à fait exact — le nombre des chevaux étant de 35.000, nous obtiendrions *par tête*, une *consommation moyenne journalière* de 2 k. 36 ou 5 litres 24.

Les chevaux de roulage, de voiture, en reçoivent davantage et les chevaux de culture sensiblement moins.

Enfin le grain émondé constitue le gruau d'avoine qui, macéré dans l'eau, fournit une solution utilement ajoutée au lait pendant une période déterminée de l'allaitement artificiel aussi bien des enfants que des jeunes animaux. Pour les enfants on emploie la solution claire, pour les animaux on laisse passer plus ou moins de matières solides.

La farine d'avoine est riche en phosphate et relativement pauvre en gluten, constitution favorable au développement du nourrisson durant l'allaitement artificiel au lait de vache.

L'avoine est sensible aux atteintes du charbon (*ustilago avenæ*) qui détruit les organes floraux qu'il transforme en une poussière noire abondante. On peut traiter les semences préventivement par des sulfatages, comme pour la carie, par la méthode du trempage.

Sarrasin. — (*Polygonum fagopyrum.* — Polygonées).

Le sarrasin, ou blé noir, est une céréale des terres légères, sableuses, provenant des roches cristallines et granitoïdes.

Il est surtout répandu dans la Bièvre, et les terrains à cailloutis alpins du bas Dauphiné, arrondissements de Vienne et de La Tour-du-Pin. En Bretagne et vers les Pyrénées sa farine contribuait largement autrefois à l'alimentation humaine : de nos jours elle est encore utilisée pour cet usage, mais de moins en moins. Le grain convient particulièrement aux oiseaux de basse-cour dont il active la ponte.

Surface cultivée en 1904 : 6.805 hectares.

Production moyenne à l'hectare, en grains, 12 hectolitres 50.

Production moyenne à l'hectare, en paille, 9 quint. métr. 25.

Poids moyen de l'hectolitre, 58 kil.

Production totale en grains, 85.062 hectolitres.

—   —   —   49.336 q. m.

Quantité de semence nécessaire pour ensemencer un hectare :

60 litres pour grain et 100 pour fourrage.

Le poids de l'hectolitre est assez variable et peut atteindre 65 kil.

Le sarrasin a une végétation très rapide et peut être cultivé en culture dérobée ; semé en juillet-août il mûrit son grain avant l'hiver. Ses fleurs sont recherchées des abeilles.

Il est utilisé comme fourrage vert et aussi comme engrais vert.

L'importance de sa culture est décroissante dans notre département puisqu'en 1860 cette plante occupait 20.000 hectares.

Maïs. — (*Zea mays*) — Graminées).
Plante monoïque à fleurs mâles disposées en un panicule terminal et à fleurs femelles disposées en épis latéraux.

Appelé *blé de Turquie* dans certains pays.

Plante déjà méridionale qui exige plus de chaleur que les céréales précédentes pour mûrir son grain. Sa farine contribue à l'alimentation humaine en Italie, dans le S.-O. et dans l'E. de la France ; elle convient particulièrement à l'alimentation animale et spécialement à l'engraissement des oiseaux de basse-cour, les variétés à grain blanc surtout.

Dans notre département le *maïs-grain* a une importance réduite ; au contraire le *maïs-fourrage* occupe d'importantes surfaces qui tendent à croître sans cesse.

Le maïs fournit abondamment un excellent fourrage, à consommer en vert, et les tiges coupées au moyen de hâcheurs mécaniques se conservent très bien par l'ensilage.

Sous cette forme il constitue pour la saison hivernale une réserve alimentaire précieuse pour l'alimentation des bovidés et spécialement des vaches laitières.

Variétés à grains et à fourrages : jaune gros, jaune des Landes, jaune hâtif d'Auxonne, jaune hâtif à épis longs, blanc des Landes.....

Variétés à fourrage : dent de Cheval ou Caragua, Cuzco.

Ces dernières ne murissent pas leur grain sous notre climat et il faut acheter la semence, ce qui est plus onéreux que de la produire. Elles donnent, en revanche, beaucoup plus de fourrage que les autres.

Quantités de semences :

Maïs-grain : en lignes, 20 k. — A la volée 60 k.

Maïs-fourrage : en lignes, 80 k. — A la volée 150 k.

Maïs-grain :

Surface en 1904 : 2.527 hectares.

Rendement moyen à l'hectare, 17 hectolitres 93.

— — — 12 q métriques 91.

Le maïs-grain est souvent attaqué par le charbon (*ustilago maydis*) qui produit sur les épis femelles

des tumeurs, d'aspect mélanique, tout à fait caractéristiques, que l'on évite par le sulfatage préventif
des semences.

Il existe aussi une rouille du maïs *(puccinia sorghi)*.

Pommes de terre. — (*Solanum tuberosum.* — Solanées).

Surface cultivée en 1901: 28.715 hectares ainsi répartis par arrondissements : Grenoble, 7.386 hectares. — Vienne, 10.288 hect. — La Tour-du-Pin, 6.435 hect. — Saint-Marcellin, 4.606 hect.

Production moyenne à l'hectare : 92 q. métriques.

Quantité de semence nécessaire, en tubercules, à l'hectare, 9 q. métriques.

Poids moyen de l'hectolitre, 70 kil.

Production totale, 2.611.780 q. métriques.

Récoltes antérieures à 1904.

1860	15.728 hectares	1.069.404 q. métriques
1892	25.310 —	2.151.350 —
1894	27.419 —	2.153.488 —
1895	28.273 —	2.308.155 —
1896	28.799 —	2.820.341 —
1897	28.773 —	2.211.745 —
1898	29.268 —	1.919.717 —
1899	29.980 —	2.448.763 —
1900	29.895 —	2.531.938 —
1902	28.504 —	2.826.239 —
1903	28.341 —	3.061.392 —
1904	28.715 —	2.611.780 —

Moyennes des 11 années de 1892 à 1904 :

Production totale.... 2.461.355   q. métriques
     —   à l'hectare   86.42   —
Surface.......... ...   28.479 » hectares.

En 1904, la récolte ayant été de 2.641.780 q. métriques il a fallu une quantité de semences, à 9 q. m. à
l'hect., de 258.435 q. m. pour une superficie cultivée
de 28.715 hectares. Il est donc resté pour la consommation 2.461.355 — 258.435 = 2.202.920 q. m.

De 1892 à 1903 les exportations, par *voies ferrées*,
se sont élevées à 117.732 q. m. et les importations à
110.138 q. m. ce qui correspond à une *exportation*

moyenne annuelle de $\dfrac{117.732 - 110.188}{11} = 685$ k.,

non compris l'exportation de la banlieue lyonnaise
qui se fait par voitures.

La conclusion est donc que le département produit
la quantité nécessaire à sa consommation et qu'il
n'est, en somme, ni importateur, ni exportateur, à
moins d'un déficit ou d'un excédent notable de production.

Durant cette période de 11 années nous relevons des
exportations de 10.575, 82.150, 13.997, 10.550, 460
q. m. et des importations de 2.900, 40.015, 13.670,
43.720, 6.023 et 3.860 q. m., sans compter celles
qui s'effectuent directement par voitures.

La consommation humaine n'est certainement pas
absolument constante ; elle dépend de la récolte et
aussi du prix de la viande, de l'abondance des fruits
et des légumes verts, du prix du pain, etc.

Dans divers établissements elle varie de 250 gr. à
500 gr. par jour et par tête.

La consommation animale est plus variable encore, car elle dépend non seulement de la récolte, mais encore du prix de vente.

On peut *approximativement* admettre la répartition moyenne suivante.

Récolte moyenne..................	2.461.355 q. m.
Semence, 28.479 hect. à 9 q. m...	256.310 —
Consommation humaine.........	820.000 —
Consommation animale..........	1.262.295 —
Balance des Imp. et Export. y compris la banlieue lyonnaise.....	12.500 —
Déchet de consommation $\frac{1}{20}$...	110.250 —

Depuis quelques années la flore agricole s'est enrichie de nombreuses variétés de pommes de terre : les unes destinées à l'alimentation humaine et les autres plus spécialement réservées à l'alimentation du bétail et à l'industrie (féculeries). Dans la recherche de nouvelles variétés on vise à une plus grande résistance à la maladie, à plus de précocité, à des rendements plus élevés et à une richesse plus grande en fécule.

Variétés de table : Marjolin, Victor, Quarantaine de la halle ou jaune de Hollande, Early rose, Chave, Belle de Fontenay, Rigault, Vitelotte.....

Variétés mixtes : Magnum bonum (dans les bons sols un peu sableux), Institut de Beauvais (dans les sols frais et profonds, Jaune d'or, Fin de siècle, Marseillaise, F. Gaillard, Meilleure de Bellevue.....

Variétés industrielles et fourragères : Imperator,

Géante bleue, Canada, Czarine, Maerker, Chardon, Wohltmann.....

La pomme de terre est particulièrement exposée aux atteintes d'un champignon qui provoque ce que l'on appelle communément « la maladie » — c'est le mildiou de la pomme de terre — *phytophthora infestans* (peronosporées).— On le combat en sulfatant les tubercules par le trempage avant de les planter et en sulfatant les feuilles et les tiges au début de leur développement. On emploie pour ces traitements les préparations cupriques ordinaires destinées à la vigne. Il y a encore la gangrène de la tige (bacillus caulivorus) et la brunissure des tiges et tubercules (bacillus solanincola).

Le *doryphora* ou chrysomèle (*Leptinotarsa decemlineata*) de la pomme de terre, insecte de l'ordre des coléoptères, a causé d'importants ravages en Amérique ; il s'est montré en Allemagne mais n'a pas été observé en France où l'on applique des mesures protectrices spéciales destinées à en empêcher l'importation.

Betteraves (*bela vulgaris, var : rapacea.* — *Chenopodées*).

On distingue 2 groupes : betteraves industrielles et betteraves fourragères.

Les betteraves industrielles comprennent les variétés de sucrerie et les variétés de distillerie.

Surfaces cultivées et récoltées en 1901 :

Betteraves à sucre, 117 hectares : production moyenne à l'hectare, 140 q. m., production totale, 20.580 q. m.

Betteraves de distillerie, 149 hectares : production moyenne à l'hectare, 219 q. m.; production totale, 32.631 q. m.

Betteraves fourragères, 6.316 hectares : production moyenne à l'hectare, 205 q. m., production totale, 1.291.780 q. m.

Ces surfaces se répartissent :

Arrondissement de Grenoble, 144 hectares de betteraves de distillerie et 1.337 hect. de betteraves fourragères.

Arrondissement de Vienne, 134 hectares de betteraves sucrières et 2.305 hect. de betteraves fourragères.

Arrondissement de La Tour-du-Pin, 1.527 hect. de betteraves fourragères.

Arrondissement de Saint-Marcellin, 1.147 hect. de betteraves fourragères.

Les betteraves sucrières sont exportées hors du département et les betteraves de distillerie sont manufacturées à l'usine de Saint-Martin-d'Hères, près Grenoble.

La distillerie de Jallieu, près Bourgoin n'a fonctionné que peu d'années.

En 1859, dans le seul arrondissement de Grenoble on cultivait 437 hectares de betteraves sucrières manufacturées dans le pays.

La culture de la betterave fourragère a suivi, dans le département, la progression suivante :

1885, 3.359 hectares ; 1888, 5.932 ; 1891, 4.075 ; 1892, 4.126 ; 1893, 4.417 ; 1894, 4.456 ; 1895, 4.465 ; 1896, 4.581 ; 1897, 4.002 ; 1898, 4.861 ; 1899, 4.916 ; 1900, 5.129 ; 1902, 5.798 ; 1903, 5.904 ; 1904, 6.316.

La betterave est un excellent aliment pour la période d'hiver ; elle convient particulièrement à l'engraissement des bovidés et à la nourriture des vaches laitières. La progression de sa culture est pour ainsi dire l'indice d'une meilleure alimentation du bétail et d'un élevage en progrès ; elle devrait occuper des surfaces plus importantes encore dans les régions où dominent les espèces bovine et ovine et spécialement où la production laitière est la spéculation dominante.

La richesse en sucre dépend d'abord de la variété, puis du climat, en septembre et octobre surtout, du sol et de sa préparation, de la densité des semis (plus les betteraves sont serrées plus elles sont sucrées) et de la fumure.

Les phosphates semblent particulièrement augmenter la richesse saccharine et les matières azotées très assimilables paraissent la diminuer, alors qu'elles accroissent le rendement en poids.

En 1904, la densité moyenne constatée à la distillerie de Grenoble a été de 7° 4 et en 1905 de 6° 8.

Pour l'industrie la richesse saccharine a une importance capitale et les achats se font à la densité, d'après une échelle progressive qui est favorable aux producteurs de betteraves riches, quoique celles-ci donnent ordinairement moins de poids que les betteraves pauvres.

Les sucreries n'acceptent en conséquence que les variétés dites sucrières et les distilleries se contentent des variétés demi-sucrières, qui tendent même à se substituer parfois aux variétés fourragères.

Variétés sucrières : blanche améliorée Vilmorin, Klein-Wanzleben, de Brabant.....

Variétés demi-sucrières : blanche, rose, de Bessay.....

Variétés fourragères : jaune ovoïde des Barres (l'une des meilleures), géante de Vauriac, jaune Globe, groupe disettes.....

Les *pulpes* sont les résidus de la racine découpée mécaniquement en cossettes après dissolution du sucre par diffusion. Ce sont des aliments très aqueux, mais précieux, pour l'alimentation des bovidés et des ovidés.

La betterave est attaquée par de nombreux parasites. — Parmi les insectes : le silphe de la betterave (*silpha opaca* ; coléoptères). — Parmi les vers ronds ou nemathelminthes : l'anguillule de la betterave (*heterodora schachtii*) ; une autre espèce d'anguillule vit dans le grain de blé, dit niellé (*tylenchus tritici*). — Dans le groupe des champignons : un pourridié (*rhizoctonia violacea*) parasite également de la luzerne, du safran, etc., une rouille (*uromyces betæ*), un mildiou (*peronospora schachtii*), les taches de la feuille (*cercospora beticola*).....

Chanvre (*Cannabis sativa.* — Cann.)
Plante dioïque.
Superficie cultivée en 1904 : 190 hectares.
Production moyenne en filasse, à l'hect. : 9 q. m. 90.
Le chanvre était autrefois l'objet d'une culture importante, notamment dans la vallée de l'Isère. La réputation des toiles de Voiron était très grande et

justifiée (1). Le commerce du chanvre et quelques industries annexes : rouissage, teillage, tissage, blanchiment, corderie, etc., provoquaient alors un chiffre d'affaires considérable. La concurrence des textiles exotiques a amené une réduction de cette culture dont on peut se faire idée en disant qu'en 1860 la superficie cultivée était de 4613 hectares alors qu'elle est de 190 hectares actuellement.

Cette diminution croissante, préjudiciable à notre culture locale et à notre industrie nationale et peu favorable à la qualité des toiles, a amené les Pouvoirs publics à édicter une loi destinée à encourager cette culture en décadence au moyen de primes, ainsi qu'il a été fait pour la sériciculture.

La législation comporte : Loi du 13 janvier 1892, instituant des primes à la culture du chanvre ; décret du 13 avril 1892 ; loi du 9 avril 1898 portant prorogation de la loi de 1892 pour 6 ans ; décret du 8 juin 1898 et loi du 31 mars 1904 portant prorogation de la loi du 9 avril 1898 encore pour 6 ans.

Répartition et montant des primes allouées de 1892 à 1904, pour les surfaces donnant droit à la prime (minimum de culture : 10 ares) :

Années: 1892: 148 hectares ; 218 planteurs; 19.520 fr. ; 132 fr. à l'hectare. — 1893 : 288 h.; 698 p.; 25.390 fr.; 88.15 à l'h. — 1894 : 340 h.; 806 p., 24.499 fr.; 72 fr. à l'h. — 1895 : 288 h.; 736 p.; 19.635 fr.: 68 fr. à l'h. — 1896 : 281 h., 683 p.; 20.265 fr.;

---

(1) On lira avec intérêt sur ce sujet une étude publiée sous le titre *La fin d'une industrie dauphinoise* par Félix Vernay, inspecteur primaire. (Journal *Le Dauphiné*, juin-juillet 1905).

72 fr. 10 à l'h.— 1897 : 242 h.; 640 p.; 19.056 fr.; 78 fr. 75 à l'h. — 1898 : 197 h.; 574 p.; 18.747 fr.; 95 fr. 16 à l'h. — 1899 : 168 h.; 517 p.; 15.613 fr.; 92 fr. 93 à l'h. — 1900 : 186 h.: 535 p.; 14.452 fr.; 77 fr. 59 à l'h. — 1901 : 177 h.; 501 p ; 12.541 fr.; 70 fr. 85 à l'h. — 1902 : 181 h.; 553 p.; 12.858 fr.; 71 fr. à l'h.— 1903: 165 h.; 514 p.; 10.896 fr.; 66 fr. à l'h. — 1904 : 168 h.; 509 p.; 10.098 fr.; 60 fr. à l'h.

Malgré la prime les surfaces restent décroissantes. On cultive surtout la variété dite de Piémont.

Le chanvre, comme le tabac, est attaqué par l'orobanche rameuse (*phelipea ramosa.* Orobanchées).

Tabac. — (*Nicotiana tabacum.* — Daturacées). Production en 1904 pour l'ensemble du département :

Superficie cultivée, 1.683 hectares.

Production moyenne à l'hectare, 1.705 kilogr.

Valeur moyenne du quintal métrique, 85 fr. 19.

Valeur totale de la récolte, 2.438.778 fr.

Valeur de la récolte moyenne à l'hectare, 1.449 fr

En 1903, la surface totale était de 1.611 h.; la valeur totale de la récolte de 2.810.462.; la valeur moyenne de la récolte à l'hectare de 1.517.40 et la valeur moyenne du quintal métrique de 89.05.

En 1902 la surface totale était de 1.589 h. 40; la valeur totale de la récolte de 2.375.765 fr.; la valeur moyenne de la récolte à l'hectare de 1.495,13 et la valeur moyenne du quintal métrique de 87 fr. 24.

La production moyenne à l'hectare, de 1705 k. en 1904, a été de 1980 k. en 1903 et de 1718 k. en 1902.

Enfin la répartion de la culture et de la production dans les 4 arrondissements, pour 1904 :

Nombre de communes autorisées : arrondissements de : Grenoble, 32 ; La Tour-du-Pin, 70 ; St-Marcellin, 37 ; Vienne, 38 ; totaux, 177.

Nombre de planteurs ayant cultivé: arrondissements de : G. 1.174 ; T. P. 4.106 ; St-.M. 1.052 ; V. 1.968 ; totaux, 8.300.

Surfaces cultivées en hectares : arrondissements de : G. 219 ; T. P. 883 ; St.-M. 205 ; V. 376 ; totaux, 1.683.

Production totale en quint. métr.: G. 4.283 ; T. P. 15.393 ; St-M. 3.748 ; V. 5.272 ; totaux, 28.695.

Production moyenne à l'hectare en kilogr.: G. 1.952 ; T. P. 1.744 ; St-M. 1.825 ; V. 1.402 ; moyenne, 1.705.

Valeur totale en francs : G. 379.551 ; T. P. 1.335.845 ; St-M. 319.677 ; V. 403.705 ; totaux, 2.438.778.

Valeur moyenne du quintal métr. : G. 88.75 ; T. P. 86.91 ; St-M. 85.83 ; V. 76.72 ; moyenne, 85.19.

Valeur de la production moyenne à l'hectare : G. 1.733 ; T. P. 1.512,80 ; St-M. 1.559.40 V. 1.073.70 ; moyenne 1.419.

La répartition de la culture donne lieu aux constations suivantes pour l'ensemble du département et respectivement pour les 5 années : 1896, 1900, 1902, 1903 et 1904, par arrondissements :

Nombre de communes autorisées : 167 ; 175 ; 182 ; 177 ; 177.

Nombre de planteurs : 9.718 ; 9.935 ; 8.372 ; 8.135 ; 8.300.

Superficie cultivée en hectares : 1.829 ; 1.882 ; 1.589 ; 1.611 ; 1.683.

Production totale en kilogr.: 3.797.262 ; 3.509.262 ; 2.731.229 ; 3.190.030 ; 2.869.547.

Production moyenne à l'hectare : 2.075 ; 1.864 ; 1.718 ; 1.980 ; 1.705 k.

Valeur totale en francs : 3.268.973 ; 2.910.103 ; 2.375.765 ; 2.840.462 ; 2.438.788.

Valeur moyenne du quintal métrique : 86.54 ; 83.22 ; 87.24 ; 89.05, 85.19.

Valeur de la production à l'hectare : 1.787 fr. 30 ; 1.546.25 ; 1.495.10 ; 1.763.10 ; 1.449

Le prix du quintal métrique comparé par arrondissements a été :

	En 1902	En 1904
Grenoble....................	84.87	83.75
La Tour-du-Pin............	90.62	86.94
Saint-Marcellin............	85.28	85.83
Vienne....................	80.63	76.72
Moyenne départementale.	87.24	85.19

Colza. — *(Brassica campestris oleifera.* — Crucifères.)

Le colza d'automne occupe une place assez restreinte dans la flore agricole de notre département.

Surface en 1904 : 1.402 hectares.

Production moyenne à l'hectare : 21 hectolitres.

Poids moyen de l'hectolitre : 66 kilogr.

Production totale : 29.442 hectolitres, représentant 19.430 q. m.

Quantité de semence à l'hectare :

Semis à la volée, en place, 6 à 7 kil. ; en ligne, 2 à 3 kil.

Le colza peut servir de fourrage printannier et il peut être enfoui aussi comme engrais vert.

L'huile de colza d'une odeur prononcée et d'une

saveur un peu âcre est surtout réservée aux usages industriels : éclairage, savonnerie.

La concurrence des graines oléagineuses exotiques : coton, madia, arachide... et aussi de l'éclairage au pétrole, à l'électricité et à l'acétylène ont amoindri notablement la culture de nos plantes oleifères indigènes.

Le colza et la navette réunis occupaient 2.605 hectares en 1860 dans notre département : ils n'occupent plus que 1454 hectares en 1904 dont 1402 pour le colza et 62 pour la navette.

Les parasites du colza sont nombreux et plusieurs sont communs à la plupart des plantes de la même famille.

Dans les insectes : charançons, altises, pucerons et chenilles, des genres : noctuelle, pyrale, teigne ; et parmi les champignons, spécialement la rouille blanche des crucifères, *cystopus candidus*.

Prairies artificielles.

On range dans ce groupe les trois plantes suivantes, qui sont de la grande famille des *legumineuses* :

La luzerne cultivée (*medicago sativa*).
Le trèfle violet (*trifolium pratense*, var. *sativum*).
Le sainfoin ou esparcette (*onobrychis sativa*).

Ces plantes appartiennent à des genres riches en espèces qui produisent toutes des fourrages plus ou moins appréciés.

Ces espèces concourent pour une large part à la composition de la flore des prairies naturelles et des paturages qui sont d'autant meilleurs qu'elles rentrent plus abondamment dans le mélange.

Il en est pour tous les sols et pour toutes les altitudes.

Dans le genre trèfle nous avons, par exemple :

Le trèfle rempant ou trèfle blanc (*tr. repens*), qui vient un peu partout, la meilleure espèce des paturages et prairies, qui se défend le mieux contre l'envahissement des graminées ; le trèfle hybride des terres argileuses, le trèfle filiforme des sols sableux, le trèfle fraise (*tr. fragiferum*) des terrains secs, le trèfle brun (*tr. spadiceum*), des prairies montagneuses humides, le trèfle de montagne (*tr. montanum*), le trèfle gazonnant (*tr. cœspitosum*), des hautes montagnes, le trèfle des Alpes (*tr. alpinum*) qui atteint les plus hautes altitudes et est abondant dans les paturages de 2.000^m et plus ..

Nous avons aussi le trèfle incarnat (*tr. incarnatum*), très répandu dans le bas Dauphiné, cultivé à la fois pour fournir un fourrage vert, abondant et précoce, au printemps et pour être enfoui, en vert, comme engrais. Ses longs capitules velus empêchent de le transformer en foin comme on le fait pour le trèfle violet, car, à cet état, il ne peut être consommé sans inconvénients.

Dans le genre luzerne, outre la grande espèce cultivée, à fleurs violettes, il y en a aussi quelques autres qui croissent spontanément, mais une seule est importante, la lupuline (*medicago lupulina*) spontanée et cultivée, en mélange dans les prairies naturelles, dans les pâturages et dans les prairies dites temporaires. Moins exigeante que la luzerne à laquelle il faut des sols riches, sains et profonds, elle réussit dans les terres légères, sablonneuses, de fertilité et de profondeur moyennes. La luzerne faucille (*M. falcata*), à fleurs jaunes, est commune dans les terres sèches et marneuses.

Le genre sainfoin (ou foin sain), à part l'espèce cultivée ou esparcette, adaptable à des sols et à des milieux assez variés, mais surtout précieuse dans les sols calcaires des formations jurassiques et crétacées ne contient qu'une autre espèce intéressante, le sainfoin couché (*Onobrychis supina*) répandu dans les pâturages de montagne.

Les terrains où ces trois genres et leurs nombreuses espèces sont prospères sont des terrains où l'acide phosphorique et la potasse ne font pas défaut; on peut affirmer aussi qu'ils contiennent un peu de calcaire lorsque leur longévité est considérable, au moins pour certaines espèces.

Luzerne.

La meilleure des plantes fourragères légumineuses par les qualités de son fourrage et l'abondance de sa production.

Elle n'est réellement prospère et durable que dans les sols profonds, fertiles et sains. Quoique vivace, les graminées gazonnantes l'envahissent avec le temps, et au bout de 8 à 10 ans, sa production faiblit sensiblement. Par des fumures appropriées et des hersages d'hiver on peut augmenter sa longévité économique.

On trouve dans le commerce les deux variétés dites de Provence et de pays.

On sème à raison de 20 à 25 k. à l'hectare, au printemps, et la graine pèse 75 à 80 k. l'hectolitre.

Surface cultivée en 1901 : 17.078 hectares.

Production moyenne à l'hectare : 56 q. métriques.

Production totale : 956.378 q. métriques.

On sème ordinairement en mars, avril et mai, selon les altitudes, sur une céréale de printemps — particulièrement l'orge — qui sert d'abri.

Dans nos pays la luzerne produit 3 coupes, la 3e sensiblement moins forte que les 2 premières. Dans le midi on en obtient davantage, surtout dans les sols riches et irrigués.

Les parasites de la luzerne sont nombreux.

Insectes :

apion du trèfle, charançons, négril (*Coléoptères*); (le négril est surtout répandu dans le Midi.) — aphrophore écumeuse (*Hémiptères*).

Nematodes : anguillule des racines ; racines de luzerne, de trèfle et de sainfoin.

Plantes :

Cuscute du trèfle (*cuscuta epithymum. — Cuscuta-cées*), véritable fléau que l'on évite en employant des semences décuscutées. Les décuscuteurs sont des cribles très fins qui laissent passer les graines de cuscute, extrêmement petites, et retiennent celles de luzerne, sensiblement plus grosses, quoique petites aussi : Orobanche du trèfle (*orobanche minor*, oro-banchées).

Champignons. Mildiou du trèfle et de la luzerne (*pe-ronospora trifoliorum — peronosporées*). Taches noires des feuilles (*pseudopeziza trifolii*). Couronnement des luzernes (*rhizoctonia violacea*) : envahit la plante par taches, surtout dans les lieux humides.

La cuscute peut être propagée par des fumiers irrégulièrement ou insuffisamment fermentés, par les excréments des animaux qui pâturent et parfois aussi par des graines enfouies depuis trop peu de temps, quoique le plus souvent produite par des semences infestées et non décuscutées.

Trèfle.

Le trèfle, quoique vivace, fait l'objet d'une culture bisannuelle. On le sème au printemps sur une céréale d'automne et il est enfoui l'année suivante par un labour d'automne. Il est pâturé, mais non fauché la première année, et il donne deux coupes la deuxième année ; on l'enfouit après la deuxième coupe. Il est ordinairement semé sur un blé d'automne et suivi d'une céréale d'automne. Cette règle n'est cependant pas invariable. Il est désigné dans le commerce sous les noms de trèfle violet de pays et de trèfle violet de Bretagne.

On emploie 20 à 25 k. de semences à l'hectare ; l'hectolitre pèse de 75 à 80 k.

La surface occupée par le trèfle en 1904 a été de 21.839 hectares. La production moyenne à l'hectare de 44 q. m. de foin sec et la production totale de 938.916 q. m.

Sur les racines de trèfle comme sur celles de la luzerne, du sainfoin, des pois, haricots et en général de toutes les légumineuses on observe de petites nodosités bactériennes qui paraissent être le siège d'une fixation d'azote atmosphérique (*Hellriegel* et *Wilfarth, Bréal*). Cette particularité explique la dénomination de plantes améliorantes qui leur a été attribuée par les praticiens.

Les semences de trèfle et de luzerne étant très petites, sont enfouies par un hersage extrêmement léger, souvent même on ensemence sur le terrain préalablement hersé et on fait suivre l'ensemencement d'un roulage qui suffit à enterrer suffisamment les semences.

Parasites animaux (apion du trèfle, *Coléoptères*), *anguillule*.

Parasites végétaux : cuscute (*cuscuta epithymum*), orobanche (*orobanche minor*), mildiou (*peronospora trifoliorum*), rouille (*uromyces trifolii*), maladie des sclerotes (*sclerotinia trifoliorum*), taches noires des feuilles (*pseudopeziza trifolii*).

Sainfoin ou esparcette.

Plante fourragère vivace précieuse pour les sols graveleux, pierreux et pour les coteaux calcaires. Son foin convient surtout aux bovidés ; il fournit un excellent pâturage et contribue à augmenter le rendement des prairies nouvelles durant la première année.

Dans l'Isère, on cultive surtout le sainfoin ordinaire ou de Bourgogne et le sainfoin à deux coupes. Le premier donne une seule coupe et un pâturage ; le second peut produire deux coupes, mais il lui faut des sols plus fertiles. La graine du sainfoin est beaucoup plus grosse que celles du trèfle et de la luzerne.

On emploie de 120 à 150 k. de graines à l'hectare et l'hectolitre pèse de 28 à 32 k. On sème indifféremment en automne ou au printemps, mais de préférence au printemps. On enfouit la semence à la herse ordinaire et le hersage est suivi d'un roulage destiné à niveler le sol. Le sainfoin est surtout semé seul, sur une céréale, ou en mélange pour constituer des prairies temporaires ou permanentes.

Surface occupée en 1904, 16.368 hectares; production moyenne: l'hectare en foin sec, 37 q. m; production totale, 605.616 q. m.

Le foin produit par cette légumineuse convient spécialement aux bovidés, ainsi que le trèfle; le foin de luzerne est plutôt réservé aux équidés et aux ovidés. Il convient de ne pas faucher trop tard car les tiges sont un peu fortes et pour toutes ces plantes l'époque le plus favorable pour obtenir le maximum de valeur alimentaire du foin est le début de la floraison.

Parasites moins nombreux et moins nuisibles que ceux du trèfle et de la luzerne.

Le groupe « Prairies artificielles » comprenant : luzerne, trèfle et sainfoin occupe en 1904 une surface totale de 55.285 hectares ayant produit 2.500.900 q. m. de foin.

Le département est exportateur de foin. L'excédent des exportations sur les importations, par voies ferrées, a été de 190.000 q. m. en 1902 et de 157.000 q. m. en 1903. L'activité et l'importance des exportations dépendent évidemment de la récolte générale et locale et des cours commerciaux.

Ces nombres se rapportent plus particulièrement au foin de prairies naturelles ; néanmoins le foin de luzerne, fournit aussi à l'exportation un contingent d'une certaine importance.

Les exportations sont surtout à destination du Midi ; elles proviennent du bas Dauphiné pour le foin de luzerne et du haut Dauphiné pour le foin de prairies naturelles. Ce commerce occupe des presses mécaniques placées dans des entrepôts assez nombreux qui appartiennent à des négociants.

En 1850 la surface totale affectée aux prairies ou fourrages artificiels était de 45.318 hectares et la production de 1.812.720 q. m. La culture, en 1904, comporte donc un accroissement en surface de 9.967 hectares et en production de 688.180 q. m. Cet accroissement se rapporte à l'ensemble des trois plantes, luzerne, trèfle et sainfoin mais plus particulièrement à la luzerne et ensuite au sainfoin.

Les statistiques de 1892, 1894, 1898 et 1904 fournissent à cet égard les indications suivantes :

Surfaces en luzerne, 13 508, 16.708, 15.581, 17.078 ; en trèfle, 19.983, 20.430, 20.460, 21.839 ; en sainfoin, 12.581, 12.874, 16.017, 16.368. Totaux, 46.072 (1892), 50.012 (1894), 52.088 (1898), 55.285 (1904).

Le fourrage des plantes légumineuses, luzerne, sainfoin et trèfle doit être fait avec précaution afin d'éviter la chute des feuilles ce qui diminue l'abondance et la valeur du foin obtenu. Cette chute est facile car les feuilles sont composées et formées de folioles insérées sur le rachis par des pédicelles fragiles. Les graminées ont, au contraire, des feuilles engainantes simples et très adhérentes. Les fleurs de ces plantes sont très recherchées des abeilles.

Prairies naturelles ou *permanentes*.

On désigne sous ce nom les prairies qui occupent le sol pour ainsi dire *indéfiniment* et qui sont *fauchables*; quand elles ne sont que *pâturables* elles rentrent dans la catégorie des pâturages et pacages. Les prairies *temporaires* ont une durée limitée, ordinairement assez courte ; la distinction est donc facile.

Nos principales espèces animales domestiques : équidés, bovidés, et ovidés étant herbivores on peut conclure que l'extension de l'élevage est pour ainsi dire complémentaire des surfaces affectées aux prairies artificielles et naturelles.

En 1904 la surface occupée par les prairies naturelles est de 72.359 hectares. Le rendement moyen à l'hectare de 37 q. m. La production totale en foin de 2.677.283 q. m.

La surface des prairies naturelles a été évaluée : en 1892 à 55 937 hectares ; 1894 à 56.804; 1895 à 56 277; 1896 à 55 635; 1897 à 56.369 : 1898 à 56.845; 1899 à 57.405; 1900 à 59.628; 1901 à 65.519 ; 1902 à 66.389; 1903 à 67.241 ; 1904 à 72.359.

Le département est exportateur de foin ainsi qu'il a été dit précédemment et l'excédent des exportations sur les importations, par voies ferrées a été de 190.000 q. m. en 1902 et de 157.000 q. m. en 1903. Les exportations proviennent surtout de la région alpine et particulièrement de la zône subalpine. Le haut vallon subalpin infra-crétacé, diverses vallées et plateaux jurassiens et tertiaires (plateaux et terrasses alluvio-glaciaires) fournissent le contingent le plus important à l'exportation, à destination du Midi. Nos foins sont estimés et même recherchés.

La surface est ainsi répartie entre les 4 arrondissements :

Arrondissement de Grenoble........   33.454 hect.
—   Vienne..............   12.521   —
—   St-Marcellin......   11.247   —
—   La Tour-du-Pin...   15.137   —

La flore des prairies naturelles est complexe et comprend un très grand nombre d'espèces que l'on peut classer en :

Espèces parasites ou vénéneuses — espèces nuisibles, indifférentes ou inutiles, — espèces médiocres, passables et bonnes.

Espèces parasites :

Mélampyres, pédiculaires, euphraises, rhinanthes, de la famille des scrofulariées. Ces plantes doivent être détruites, notamment le rhinanthe major ou crista-galli, en arrachant ou fauchant avant la maturation des graines et au début de la floraison.

Cuscutes (cuscutacées), extrêmement nuisibles à diverses légumineuses fourragères.

Orobanches (orobanchées) ; une espèce est surtout commune sur les trèfles.

Espèces vénéneuses :

Clematite, renoncules, anémomes, aconit, hellébore (renonculacées), ciguës (ombellifères), mourons des champs (anagallis primulacées), qu'on ne doit pas confondre avec le mouron des oiseaux (caryophyllées), pervenches (apocynées), diminuent la sécrétion lactée, asclepiade (asclepiadées), bryone (cucurbitacées), valerianes (valerianées), euphorbes et mercuriales (euphorbiacées), colchiques et vératres (colchicacées), gouet (aroïdées).....

Les espèces indifférentes ou inutiles, parfois envahissantes et alors préjudiciables au maintien ou à l'extension des bonnes espèces, sont plus ou moins nombreuses selon les sols, l'altitude, l'âge et le régime de chaque prairie : fauchage intégral et régulier, fauchage et pâturage en alternance, pâturage absolu mais périodique, époque du fauchage par rapport à l'époque de maturation des graines des espèces dominantes. On peut ranger dans ce groupe toujours très populeux, dans les prairies anciennes, outre les espèces précédentes, toutes celles qui ne sont pas considérées comme espèces fondamentales, en somme peu nombreuses. Dans des prairies anciennes un peu variées il est possible de recueillir plusieurs centaines d'espèces différentes, alors qu'une vingtaine au maximum sont essentielles.

L'extension des espèces inutiles, directement ou indirectement nuisibles, est dûe à un mauvais ensemencement (graines de foin ou de fenils au lieu de graines pures et choisies), à un entretien défectueux (pas de hersages d'hiver, libre développement laissé aux espèces accessoires envahissantes), à une insuffisance de fumures appropriées, parfois enfin à des conditions spéciales imputables au sol, à l'exposition et à l'humidité, plus ou moins abondante et plus ou moins stagnante.

Quelques familles fournissent à la fois des plantes nuisibles, accessoires et essentielles. D'autres au contraire n'en produisent que de bonnes ou de passables, de médiocres ou de mauvaises, comme aussi aux hautes altitudes, où la flore est pauvre, quelques espèces deviennent précieuses, alors qu'aux basses altitudes, où la flore est plus riche, les espèces similaires sont considérées comme insuffisantes.

Dans notre département, à topographie très accidentée et à constitution géologique aussi complexe que variée, les prairies occupent les stations les plus diverses. Les unes, situées sur des terrains en place, sont composées d'espèces plus ou moins caractéristiques ; beaucoup d'autres, situées sur des terrains de charriage, sont peuplées d'espèces mixtes. Nous avons enfin des prairies et pâturages de montagnes, de hautes et très hautes altitudes, de plateaux, de versants, de vallées et de plaines. Les vallées sont à des hauteurs variées ; les unes sont sèches, les autres fraîches ; il en est aussi d'humides, de marécageuses et enfin de tourbeuses ; à ces milieux très spécifiés correspondent des espèces spéciales et des flores qui ne peuvent être modifiées qu'en amendant les milieux eux-mêmes par phosphatages, chaulages, marnages, arrosage, drainage. Parfois même l'écobuage, la mise en culture et le réensemencement deviennent nécessaires pour améliorer sûrement le fourrage produit.

Le sol des prairies, dans la couche superficielle surtout, subit des modifications de composition chimique du fait de l'entassement de nombreux débris organiques qui s'accumulent avec le temps et de l'absence des façons culturales qui, dans les sols cultivés, activent la combustion des matières organiques et leur nitrification. Il se produit alors des composés ulmiques acides qui dissolvent le calcaire, décalcifient le sol, contribuent à l'assimilation des phosphates et des silicates potassiques, et ces réactions en modifiant la composition chimique du milieu tendent indirectement à modifier la flore d'autant plus complètement que le sol est plus compact, moins poreux et d'aération naturelle plus difficile.

Les arrosages oxydent le sol, car l'air de l'eau est plus oxygéné que l'air atmosphérique, mais ils lessivent plus vite aussi les produits devenus solubles ; ils augmentent en revanche la production pour ainsi dire proportionnellement à la température des eaux qui, selon leur origine, peuvent contribuer à atténuer son acidité croissante et même à lui fournir un complément d'éléments utiles.

Durant cette première phase les légumineuses se raréfient et certaines graminées, non des meilleures, se multiplient en même temps que diverses espèces accessoires caractéristiques des sols acides envahissent la place.

Les légumineuses qui résistent le plus longtemps sont le trèfle hybride, le trèfle brun, le lotier velu.

Ces faits expliquent pourquoi les prairies anciennes situées sur les formations jurassiques et infra-crétacées marno-calcaires, les dépôts argileux et argilo-marneux d'origine glaciaire et fluvio-glaciaire et les alluvions de vallées argileuses ou argilo-sableuses sont composées d'espèces caractéristiques des terres plus ou moins acides, pauvres en calcaire, et produisent du foin peu nourrissant, un pâturage peu recherché. Les phosphates à hautes doses, les scories phosphatées, (1.000 à 1.200 kilos à l'hectare) complétées de cendres de bois (6 0/0 de potasse et 2 0/0 d'acide phosphorique) ou de sels potassiques (45 à 50 0/0 de potasse) produisent et ont produit souvent des effets remarquables.

Les amendements calcaires ont aussi donné des résultats satisfaisants et le drainage, dans la vallée humide de Méaudre, a modifié profondément la flore et amélioré le fourrage après complément de scories et de sels potassiques.

Les dépôts de vallées sont ordinairement formés de bancs caillouteux, sableux, argileux ou marneux en alternance, et ces dépôts selon leur origine et le régime hydrographique qui les a produits (lacustre, fluviatile ou fluvio-glaciaire) contiennent des nappes aquifères plus ou moins nombreuses et plus ou moins abondantes selon l'importance des infiltrations latérales et la faiblesse de la pente générale. Ils sont fatalement envahis avec le temps par une flore marécageuse si des travaux d'assainissement appropriés et efficaces ne modifient pas le régime auquel ils sont soumis.

La nomenclature des plantes accessoires, inutiles ou indifférentes nous entraînerait en dehors de notre cadre restreint, mais il n'est pas superflu d'en signaler cependant quelques-unes en raison du rôle considérable des prairies naturelles dans notre agriculture locale, dans notre agriculture de montagne où le gazonnement et le boisement ont une influence capitale sur le régime des torrents et sont les plus sûrs obstacles aux inondations et aux érosions.

Dans les *légumineuses* nous trouvons, outre les espèces fondamentales qui seront citées plus loin, diverses espèces secondaires d'une valeur appréciable.

Dans les sols humides : Le lotier velu, le trèfle hybride, le trèfle brun....

Dans les sols secs : Les trèfles fraise, filiforme, les coronilles,...

Aux altitudes élevées et très élevées : Le trèfle de montagne, le trèfle gazonnant (T. cœspitosum), le trèfle des Alpes (T. alpinum), le sainfoin obscur (Sulla obscurum), l'esparcette couchée (O. supina)...

Dans les *Ombellifères*, nous avons des plantes vénéneuses déjà citées, les ciguës ; plusieurs plantes aromatiques qui sans être précisément des plantes fourragères sont utiles par le parfum qu'elles communiquent au foin : le cumin des prés, le meum des pâturages de montagnes, la coriandre, la carotte sauvage ; des plantes envahissantes : la grande berce, le boucage, les laser sur les versants montagneux qui n'ont de valeur que comme plantes fixatrices des talus.

Dans les *Rosacées*, quelques bonnes plantes accessoires :

La sanguisorbe dans les prairies humides, même tourbeuses, la pimprenelle, très bonne plante pour les sols secs et arides et les alchemilles des pâturages alpestres.

Dans les *Plantaginées* : les plantains, abondants et envahissants dans les terrains secs et sableux produisent très peu et sont sans valeur ; le P. alpina contribue pourtant utilement à la composition des hauts pâturages alpestres.

Dans les *Labiées* : les menthes (terres humides),

les sauges, les lamiers, la brunelle, le bugle, la ger
mandrée, la betoine... sont des plantes inutiles
le serpolet parfume agréablement le fourrage de
pelouses des terrains secs.

Dans les *Composées* : beaucoup d'espèces acces
soires peu productives et un certain nombre nuisi
bles et à détruire : pissenlit (bon, mais à faible ren
dement), mille-feuilles (bien mangé que s'il es
jeune), chicorée, jacée, paquerette, tussilage (sol
humides), cacalia (prairies humides montagneuses)
seneçons, salsifis, scorsonère, anthemide, bucanthé
me..., chardons (le chardon des marais est commu
dans les prairies des hautes vallées humides), car
line (versants montagneux).

Dans les *Rubiacées* : les gaillets (blanc, croisette
caille-lait), ont une valeur relative.

Dans les prairies humides et marécageuses o
trouve quelques graminées spéciales des genres, ca
tabrosa, agropyrum, glyceria, phalaris, phragmite
ainsi que la fetuque roseau ; la fléole, la houlque
et le vulpin genouillé établissent la transition.

Puis viennent les joncs et les luzules, de la famille
des joncées, les carex ou bauches, les souchets
l'ériophore ou linaigrette, les scirpes...

Les joncs sont localisés dans les prairies où l'hu
midité est *stagnante*, et les carex qui produisent no
bauchères ou blachères, n'acquièrent un beau déve
loppement que dans les sols où l'eau est abondante
mais *fluente*.

Enfin, les mousses envahissent les prairies pau
vres, ombrées, mal entretenues, insuffisammen
fumées.

Les fumures appropriées, les hersages et enfin le sulfate de fer en neige à la dose de 300 à 400 k. à l'hectare, en automne ou à la fin de l'hiver, font disparaître les mousses.

Le pâturage favorise les mauvaises espèces au détriment des bonnes, celles-ci étant particulièrement recherchées des animaux.

Le fauchage a une influence sur l'extension des espèces qui se multiplient par ensemencement naturel ou spontané selon l'époque à laquelle on l'effectue. Il favorise celles qui mûrissent leurs graines avant son exécution et tend à diminuer le nombre de celles qui mûrissent après. Lorsqu'il précède la maturité des graines précoces, son influence à cet égard est à peu près nulle et il ne contribue pas ou peu à modifier la flore.

Les espèces fondamentales appartiennent à deux familles seulement :

Graminées et *Légumineuses.*

Les plantes de chacunes de ces deux familles ont entre elles une grande analogie de composition et, comme il y a des espèces pour tous les sols, tous les climats et toutes les altitudes, le foin de prairie naturelle, quelle que soit sa provenance, convient à tous nos animaux domestiques herbivores, même sans l'intervention d'aliments complémentaires, à moins de conditions ou de préoccupations économiques et zootechniques spéciales.

Graminées. — Les principales sont :

Genre paturin *(poa)* — espèces : paturin des prés et paturin commun *(poa pratensis* et *poa trivialis).*

Genre vulpin (*alopecurus*) — espèce : vulpin des prés (*al. pratensis*).

Genre fléole ou timothy (*phleum*) — espèce fléole des prés (*Ph. pratense*).

Genre ray-grass (*lolium*) — espèces : ray-grass anglais (*L. perenne*) et ray-grass d'Italie (*L. Italicum*).

Genre fromental, avoine élevée, grande fenasse — espèce : (*Arrenatherum elatius*).

Genre avoine (*Trisetum*) — espèce avoine jaunâtre (*Trisetum flavescens*).

Genre Dactyle (*Dactylis*) — espèce : (*D. glomerata*).

Genre Fétuque (*Festuca*) — espèces : fétuque des prés (*F. pratensis*), fétuque élevée (*F. elatior*), fétuque rouge (*F. rubra*), fétuque violette ou des Alpes (*F. violacea*).

A côté de ces espèces, *essentielles*, il en est quelques autres qui ont aussi des qualités mais qui sont moins généralement admises dans les mélanges, en raison de leur faible rendement, de la cherté de leurs graines, de leur caractère envahissant ou de la qualité relative de leur fourrage :

La flouve odorante (*anthoxanthum odoratum*, le cretelle des prés (*cynosurus cristatus*), la houlque laineuse (*holcus lanatus*), le brome des prés (*bromus erectus*), la fétuque heterophylle (*festuca heterophylla*), la fétuque ovine (*F. ovina* et *alpina*), la fétuque durette (*F. duriuscula*), les agrostis, blanche, stolonifère, commune, des chiens, jouet des vents... (*A. alba, stolonifera communis, canina, spica venti*).

Parmi les graminées, quelques-unes peuvent atteindre une altitude élevée : dactyle, fétuques rouge, ovine et hétérophylle, flouve odorante ; — et quelques autres croissent aux plus hautes altitudes : nard raide (*N. stricta*), paturin des Alpes (p. *alpina*), forment avec quelques autres espèces, la base des hauts pâturages alpestres.

Dans les parties ombrées, au voisinage des massifs boisés, on rencontre : le paturin des bois (p. *nemoralis*), les brachypodium (B. *molle et sylvaticum*), la mélique, les calamagrostis...

Enfin, sur les pentes et éboulis montagneux, l'apostis hérissée ou lasiagrostide (*Lasiagrostis calamagrostis*), plante qui croit en grosses touffes vigoureuses surtout recherchée pour fixer le sol et atténuer les érosions.

Légumineuses ou *Papilionacées.*

Les principales sont :

Genre trèfle (*Trifolium*) — espèces : trèfle blanc (*T. repens*), excellent, très gazonnant, trèfle ordinaire ou des prés (*T. pratense*), trèfle hybride (*T. hybridum*), prairies argileuses ;

Genre luzerne (*Medicago*) — espèces : luzerne cultivée (*M. Sativa*), lupuline (*M. lupulina*) ;

Genre sainfoin ou esparcette — espèce : sainfoin commun (*onobrychis sativa*) ;

Outre ces espèces *fondamentales*, il en est d'autres que l'on introduit peu ou pas dans les mélanges, mais qui croissent spontanément et contribuent à composer naturellement la flore des prairies et pâturages.

Le trèfle brun (*T. spadicum*), prairies humides de montagnes, l'anthyllide ou trèfle jaune des sables

(*A. vulneraria*), les petits trèfles : filiforme, couché, fraise ., dans les terres un peu sèches, le lotier corniculé (*L. corniculatus*) sur les versants un peu secs, le lotier des marais ou velu (*L. uliginosus*) et le lotier à petites feuilles (*L. tenifolius*) dans les prairies humides élevées.

Dans les prairies et pâturages alpestres, aux plus hautes altitudes, nous trouvons :

Le trèfle gazonnant (*T. cæspitosum*), le trèfle de montagne (*T. montanum*), le trèfle des Alpes (*T. alpinum*), les astragales (*A. purpureus et vesicarius*), le sainfoin obscur (*Hedysarum obscurum*);

Enfin, parmi les légumineuses accessoires, quelques espèces des genre *Lathyrus*.

Boitel, dans son ouvrage « Herbages et prairies naturelles » réduit le nombre des graminées fondamentales dont les graines doivent concourir à composer les formules destinées à l'ensemencement, à 9 :

Paturin des prés, paturin commun, vulpin des prés, fléole, ray-grass anglais, fromental ou grande fenasse, avoine jaunâtre, dactyle et fétuque des prés.

Et celui des légumineuses à 7 :

Trèfle blanc, trèfle ordinaire, trèfle hybride, luzerne, lupuline ou minette, esparcette ou sainfoin et anthyllide.

Ce nombre est un peu restreint si l'on tient compte de la diversité des terrains et des altitudes. La flore des prairies naturelles normales et bien adaptées aux divers milieux, comprend un très grand nombre d'espèces, et quand on crée une prairie natu-relle, il est utile d'examiner la composition d'une bonne prairie, située dans des conditions identiques, afin de concilier les règles générales avec les observations locales tout en se préoccupant de réduire les espèces fondamentales au plus petit nombre possible.

Lorsqu'on veut composer une formule d'ensemencement, il faut :

1° Choisir les espèces essentielles adaptées au sol et à l'altitude ;

2° Les grouper par ordre de précocité ;

3° Déterminer dans le mélange l'importance à accorder à chaque espèce, ou au moins, à chaque groupe d'espèces.

Une prairie nouvellement ensemencée produit peu les deux ou trois premières années. Le désir d'augmenter le rendement dès le début engage parfois à accorder une place prépondérante à telle espèce immédiatement productive et à longévité restreinte, qui se raréfie avec le temps au profit des espèces vivaces plus envahissanntes.

Dans les sols calcaires, sur les versants jurassien et crétacés, le sainfoin ou esparcette est fréquemment appelé à remplir ce rôle pour ainsi dire économique.

Dans la pratique on groupe assez fréquemment les espèces ainsi :

2/3 de graminées et 1/3 de légumineuses.

Si on choisit 6 graminées et 3 légumineuses, par exemple, et qu'on accorde à chacune une place égale on conclut que chaque graminée occupera dans le mélange $\dfrac{2}{3} \times \dfrac{1}{6} = \dfrac{2}{18}$ ou $\dfrac{1}{9}$ et chaque lé-gumineuses $\dfrac{1}{3} \times \dfrac{1}{3} = \dfrac{1}{9}$ également.

La part de chacune serait donc déterminée en prenant le $\dfrac{1}{9}$ de la semence nécessaire si elle était seule.

Or, les quantités de semences nécessaires par hectare pour les diverses espèces essentielles sont à peu près les suivantes, en graines *épurées :*

Graminées (1).

A. *A floraison hâtive.*

Dactile pelotonné. — Tous les sols, sauf très siliceux, rustique, très répandu, — graines (h), 45 k. à l'hectare, 1 fr. 90 le kilo et 21 k. à l'hectol.

Paturin des prés. — Très vivace, tous les sols sauf très secs ou très humides ; — envahit souvent les luzernières ; — grains (r), 25 k., 1.20, 30.

Paturin des bois — Bon foin, expositions ombrées, terrains variés, peu productif ; — graines (r), 30 k., 3.30.

Vulpin des prés. — Très rustique, convient à tous les sols et à toutes les expositions qui ne sont ni secs ni humides à l'excès, excellent foin ; — graines (r), tombent dès qu'elles sont mûres, 25 k., 2.40, 14 k.

Fetuque hétérophylle. — Sols secs, siliceux.— graines (h), 40 k., 2 fr. 40.

----

(1) Le signe (h) signifie que la graine doit être enterrée à la herse et le signe (r) au rouleau.

Floüve odorante. — Très rustique, s'adapte à tous les sols et se rencontre aux altitudes élevées, foin parfumé, très fin. mais peu abondant — graines (r), 40, 5.

Ray-grass Anglais ou vivace. — Rustique, très vivace, redoute les sols secs — graines (h), bon foin, 60, 0.60 à 0.75, 33.

Ray-grass d'Italie. — Moins vivace que le précédent, convient surtout pour prairies temporaires, excellent pâturage — graines (h), 50 à 60, 0.50 à 0.70, 28.

B. — *A floraison demi-hâtive.*

Avoine élevée, fromental, grande fenasse. — Rustique, productive, sols frais, foin un peu pailleux quand la fauchaison est tardive — graines (h), 100, 1 80, 17.

Brôme des prés ou dressé. — Rustique, sols secs, foin dur mais bon pâturage — graines (h), 60 k. 0 fr. 80, 22 k.

Houlque laineuse. — Terrains frais, même humides, rustique, productive, foin plutôt médiocre — graines (h), 40, 1.20, 10.

Paturin commun. — Sols un peu frais, légers, expositions ombrées, convient surtout pour prairies temporaires — graines (r), 25, 2.90, 21.

C. — *A floraison demi-tardive.*

Fétuque des prés. — Rustique, tous les sols, bon foin, excellent pâturage — graines (h), 50, 1.20, 29.

Fétuque ovine. — Extrêmement vivace, montagnes, sols secs, calcaires et siliceux, — difficile à faucher, très gazonnante, convient surtout pour pâturages — graines (h), 30, 2.10, 22.

Fétuque rouge ou *traçante*. — Versants montagneux, assez bon foin — graines (h), 30, 2, 17.

Crételle des prés. — Sols sains, de consistance moyenne, même secs — peu productive, bon foin — graines (r), 25, 3, 40.

D. — *A floraison tardive*.

Avoine jaunâtre. — Sols de consistance moyenne, peu productive, bon foin — graines rarement pures et très chères, 30 k., 2 fr. 40 à 5 fr. 50, 18 k.

Fétuque élevée. — Sols frais, productive, foin de qualité moyenne — graines (h); 50 k., 3 fr. 10.

Fléole des prés. — Vivace, terrains frais, mêmes humides, redoute les terres sèches, bon et abondant fourrage — graines (r), 10, 1. 14.

Agrostis blanche ou *traçante, fiorin*. — Prairies fraîches, végétation tardive, bon foin. très envahissante — graines (r), 10, 1.70, 30 à 45

Les graines de graminées ont un coéfficient de pureté très variable ; le coéfficient de germination est plus variable encore. La réussite d'un semis est donc très rarement conforme au poids de la graine employée, si l'on ne modifie pas les quantités conformément à ces coéfficients.

Légumineuses.

Nous n'ajouterons rien à ce qui a été dit des trois légumineuses des prairies artificielles : luzerne cultivée, violette ou de Provence, trèfle violet, sainfoin ou esparcette.

Lupuline ou minette. — Très rustique, réussit sur

tous les sols, se perpétue par réensemencement naturel — excellent fourrage — graines (r), 20 à 25 k., 0 fr. 75, 80 k.

Trèfle blanc, rampant, triolet. — Vivace dans les bons sols, rustique, résiste à l'envahissement des graminées, foin et fourrage excellents, réussit dans la plupart des sols — graines (r) 8 à 10, 2.70, 80.

Trèfle hybride. — Très rustique, sols argileux, même humides — graines (r), 8 à 10 k., 2 fr. 70, 80 k.

Trèfle jaune des sables ou *anthyllide.* — Convient aux sols un peu secs, élevés, siliceux, même calcaires, à longévité assez brève, se reproduit par réensemencement — graines (r), 15 à 20 k., 1 fr. 60, 79 k.

Lotier corniculé. Vivace, peu productif, très rustique, bon fourrage ; prairies et pâturages des hautes altitudes, versants exposés à la sécheresse — graines (r), 12 k., 2 fr. 80, 75 k.

Lotier velu. — Vivace, sols humides ou ombrés — graines (r), 10 k , 3 fr. 50, 80 k.

Rosacées.

Pimprenelle, petite et grande variété. — Vivace, terres pauvres, très rustiques, versants montagneux, surtout pour pâturages — graines (r), 35 k., 0 fr. 75, 26 k.

Ces diverses espèces fondamentales dominent ou doivent dominer dans les praires permanentes dont l'altitude n'excède pas 1.200 m.

On trouve dans le commerce les graines de ces espèces, et l'ensemencement d'une prairie nouvelle doit se faire en les mélangeant dans des proportions appropriées aux sols, à la valeur respective et au modo de développement de chacune. Les racines de sainfoin, de luzerne et de trèfle pénètrent profondément dans le sol, et celles des graminées et de diverses légumineuses s'étalent surtout dans la couche supérieure ; un mélange convenable permet donc d'utiliser utilement le cube de terre maximum.

Dans les prairies qui dépassent 1.200 m., c'est-à-dire dans les prairies de montagnes, presque toutes les espèces précédentes font place à des espèces spéciales qui, pour la plupart, appartiennent à des genres communs. Ces prairies ne sont plus partout fauchables soit à cause de leur faible rendement, soit à cause des difficultés de transport du foin produit. Leurs graines ne se trouvent pas dans le commerce et, pour ensemencer, on est dans l'obligation d'employer les graines dites de foin, sous la réserve de choisir cependant du foin provenant de prairies bien composées. Fréquemment dans nos montagnes on descend le foin récolté sur les hautes combes, dépressions synclinales ou d'érosion, sur les hauts plateaux, à dos de mulet, sur de petits traîneaux et aussi avec des câbles métalliques analogues à ceux que l'on emploie pour transporter les produits d'extraction provenant des hautes carrières.

Aux altitudes élevées, de 1.800 mètres et plus, les prairies permanentes sont plutôt des pâturages exceptionnellement fauchables, à flore mixte, où les espèces médiocres ou sans valeur ne sont jamais détruites et tendent à devenir prépondérantes faute d'entretien et de soins. Les parties fauchées se conservent mieux et produisent un foin court, fin et parfumé.

Si à une paissance *modérée* et *réglementée* s'ajoutaient des travaux d'entretien appropriés et une utilisation rationnelle des déjections animales en fumures alternantes, nos pâturages alpestres seraient une richesse permanente et conserveraient toute leur valeur protectrice de cuirasse gazonnée si résistante aux érosions et si favorable au régime des sources.

La flore agricole des hautes prairies alpestres comprend quelques espèces seulement à conserver et à propager ; il reste assez de place encore pour la flore générale si riche et si curieuse.

Dans les graminées nous avons :

Paturins : *Poa alpina, p. cæsia.*

Fétuques : *Festuca violacea, f. Halleri, f. varia, f. pumilus, f. flavescens.*

Nard raide (*nardus stricta*).

Fléoles : *Phleum alpinum, ph michelii.*

Agrostis : *A. rupestris, a. alpina.*

Flouve : *Anthoxanthum odoratum.*

Avoine : *Avena hostii.*

Seslérie : *Sesleria sphærocephala.*

Oreochlée : *Oreochloa pedemontana.*

Hierochlée : *Hierochloa borealis.*

Avoines jaunâtres : *Trisetum distichophyllum, tr. subspicatum.*

Et dans les légumineuses :

Trèfles : *Trifolium montanum, tr. cæspitosum, tr. alpinum.*

Les pâturages contiennent en plus quelques autres espèces utiles ou accessoires, mais qui n'ont pas une valeur égale et que nous mentionnons plus loin.

Le cultivateur qui veut créer ou refaire une prairie permanente est souvent fort perplexe quant au mélange à adopter.

Nous ne pouvons examiner ici les données du problème, mais nous croyons utile d'indiquer quelques formules applicables à divers cas, spéciaux à notre pays, dans la supposition d'altitudes ne dépassant pas 1200^m et en faisant remarquer :

1º Que la prépondérance des espèces est influencée par le prix commercial des graines et les probabilités de leur adaptation aux milieux auxquels on les destine ; l'examen minutieux d'une bonne prairie du voisinage fournit d'utiles indications à cet égard.

2º Que la quantité de semence de chacune est en raison inverse des coefficients de pureté et de germination de la graine employée.

(Les quantités se rapportent à l'hectare).

1º Mélange pour terres fraîches, profondes, saines, fertiles, argilo-calcaires (vallons et vallées subalpins, jurassiens et infra-crétacés) :

Avoine élevée ou fromental (grande fenasse, 10 k. Dactyle, 5 k. Pâturin des prés, 2 k. Ray-grass anglais, 7 k. Fétuque des prés, 5 k. 500. Vulpin des prés, 3 k. Trèfle blanc, 1 k. 600. Trèfle des prés ou violet, 1 k. 600. Lupuline ou minette, 2 k. 500. Sainfoin ou esparcette, 15 k. Valeur approximative, 68 fr.

2º Mélange pour terres silico-argileuses, argilo-siliceuses, caillouteuses à cailloutis cristallins. — Terres communes dans le bas Dauphiné et les terrasses alpines et subalpines.

Ray-grass d'Italie, 3 k. Ray-grass anglais, 5. Dactyle, 5. Paturin des prés, 2. Cretelle des prés, 2. Vulpin des prés,3. Trèfle blanc, 1.200. Lupuline,2. Sainfoin, 17. Anthyllide 1. Valeur approximative, 46 fr.

3° Mélange pour terres de consistance moyenne, calcaires-argileuses: coteaux et versants subalpins :

Paturin des prés, 3 k. Fétuque hétérophylle, 4. Vulpin des prés, 3. Dactyle, 5. Ray-grass anglais et d'Italie, 6. Cretelle des prés, 2. Sainfoin, 15. Trèfle blanc, 1. Lupuline, 2. Anthyllide, 1. Lotier corniculé, 1. Valeur approximative, 54 fr.

4° Mélange pour terres humides mais non marécageuses, ou drainées, des hautes et basses vallées :

Fléole des prés, 3 k. Avoine jaunâtre,1. Ray grass anglais, 6. Fétuque des prés ou élevée, 4. Paturin commun, 1.500. Houlque laineuse, 2. Trèfle hybride, 2 500 Trèfle des prés ou violet, 2. Trèfle blanc, 1.500. Lupuline, 3. Lotier velu, 1. Valeur approximative, 45 francs.

Ces divers prix ne sont donnés qu'à titre d'indication ; ils dépendent des cours commerciaux, évidemment variables, et les quantités de graines doivent être majorées, pour chaque espèce, en raison inverse du coefficient de pureté.

Enfin il est recommandable d'ajouter à chaque formule, notamment en sols élevés un peu secs une très petite quantité de flouve odorante vraie, 1 k. au plus car la graine est chère et la plante peu productive.

La part faite aux légumineuses, dans ces mélanges, est un peu exagérée, surtout dans le n° 4, mais nous savons par expérience que ces plantes, à moins de fumures spéciales, se raréfient avec le temps, qu'elles donnent une valeur nutritive élevée et qu'elles assurent après fauchage un pâturage très goûté des animaux.

Dans notre département, les prairies de montagnes, de coteaux et de quelques plaines ne produisent qu'une coupe alors que les prairies de vallées en fournissent assez souvent deux. Le foin de la 2e coupe s'appelle *regain* et sa valeur commerciale est inférieure au foin de la 1re coupe alors que sa composition chimique lui assigne une valeur au moins égale.

Le regain représente, en poids, le 1/4 ou le 1/5, rarement plus, de la 1re coupe.

Dans les prairies irriguées les rendements des deux coupes augmentent dans des proportions notables. C'est pour cette raison que l'irrigation des prairies permanentes est une pratique courante à l'exécution de laquelle on applique des travaux et des capitaux parfois importants.

Dans le bas Dauphiné, où les cours d'eau sont rares, on construit des réservoirs appelés *serves*, destinés à emmagasiner l'eau. Dans le haut Dauphiné, où les cours d'eau sont plus nombreux et le sol plus accidenté on a fait des *canaux* souvent très longs pour gagner de la pente, canaux exécutés par voie d'association et avec des subventions des communes et de l'Etat; l'eau arrose alors non-seulement des prairies mais encore d'autres cultures, notamment des cultures sarclées.

On peut citer comme exemples :

Le *Canal de Valbonnais*, dérivé de la Bonne, arrose 160 hectares et le droit d'arrosage est de 25 fr. à 30 fr. par hectare.

Le *Canal du Beaumont*, également dérivé de la Bonne, en amont d'Entraigues, atteint le plateau de St-Laurent et arrose 484 hectares appartenant aux communes de St-Laurent, La Salle et St-Pierre-de-Méarotz, ces deux dernières situées sur le versant qui aboutit à la rive droite du Drac. La subvention de l'Etat a été de 660.000 fr. et celle des communes y compris la part des associés, de 330.000 fr.; le droit d'arrosage est de 51 fr. 50 à 52 fr. l'hectare.

Le *Canal de Pellafol*, dérivé de la Souloise, vers St-Didier-en-Dévoluy, arrose 259 hectares et l'Etat a fourni une subvention égale aux 2/3 de la dépense. Le droit d'arrosage est de 36 fr. l'hectare.

Les infiltrations de ce canal ne paraissent pas sans effet sur la formation des éboulis connus sous le nom de « Ruines de Pellafol ». Le plateau est formé d'alluvions anciennes qui reposent sur un sous-bassement jurassien argilo-marneux très instable et dont les talus délayés par les eaux souterraines glissent en produisant des éboulis de surface sans cesse grandissants.

Le même fait s'observe sur le plateau de Corps, à proximité du canal de ce nom, mais en proportions moindres cependant.

Nous avons encore le *Canal de Corps* et près de Grenoble le *Canal de la Romanche*, le *Canal du Drac*.

Enfin, le fameux *Canal de la Bourne*, dérivé de cette rivière à Pont-en-Royans, conduit son eau dans la Drôme après avoir passé à St-Nazaire sur un aqueduc, cité comme ouvrage d'art important.

Le dépôt du canal du Drac, à 3 km. de la prise, contient : carbonate de chaux, 26,40 0/0 — sable, 10.10 — azote, 0.51 0/00 — acide phosphorique, 0.90 — potasse, 3.05 — magnésie, 0.48.

Le débit d'un canal d'amenée est généralement de 1 litre par seconde et par hectare soumis à l'arrosage. Mais ce nombre n'a rien d'absolu.

Le règlement d'arrosage fixe le temps et le volume d'eau réservés à chaque associé.

La pratique de l'arrosage, quand on possède une prise d'eau, impose un réseau de rigoles de distribution dont l'emplacement et l'espacement dépendent du volume d'eau, de la nature du sol (gazonné ou en culture) et de la pente. Dans notre département, ces rigoles sont le plus souvent tracées empiriquement et rarement d'après les règles du nivellement. C'est un tort et à cet égard de sérieux progrès sont à réaliser.

Le système le plus généralement adopté est le système par déversement avec rigoles d'arrosage voisines des horizontales et rigoles de reprise.

Si la plupart des prairies bénéficient largement de l'irrigation, il en est cependant où le drainage est nécessaire : prairies humides, marécageuses et tourbeuses de hautes et basses vallées, qui croissent sur des sols à assises imperméables, argileuses ou marneuses de très faible pente.

L'État subventionne non seulement les entreprises syndicales d'*irrigation* mais encore les entreprises syndicales de *drainage* (service des améliorations agricoles du Ministère de l'agriculture). Les syndicats de drainage constitués conformément aux lois du 21 juin 1865, 22 décembre 1888, et au règlement d'administration du 9 mars 1894, bénéficient des subventions de l'Etat égales au 1/3 de la dépense totale.

Des drainages ont été effectués d'après ce mode dans la vallée de Méaudre, où il existe actuellement 3 syndicats (Thorénas, Cochet et Association libre des prairies de Méaudre). Ils sont dûs à l'initiative de M. Carrier, inspecteur du service, secondé par MM. Amar, conseiller général, E. Chabert, maire et Carle, agent du service. Commencés en 1902, ils se poursuivent chaque année, les résultats obtenus ayant été jugés très bons. La flore s'est transformée, le foin a été amélioré et quelques parcelles ont été mises en culture.

La surface drainée dépasse actuellement 28 hectares ; de nouveaux projets sont à l'étude et les propriétaires de la vallée de Lans semblent disposés à suivre l'exemple de ceux de Méaudre.

A cause des conditions difficiles d'exécution inhérentes à un début et de la majoration des transports à destination d'une vallée de 1.000 à 1.100 m. d'altitude, le premier périmètre de 17 hectares a coûté 7.702 fr., dont 5.135 fr. à la charge du syndicat et 2.567 fr. à la charge de l'Etat, ce qui fait un prix de révient de 450 fr. l'hectare.

Le sol des prairies de la vallée de Méaudre a la composition suivante :

Sable 60.80 o/o ; chaux en carbonate 0.95 ; fer et

alumine 3.22 ; azote 5.834 o/oo ; acide phosphorique 2.44 ; potasse 1.264 ; magnésie 0.85.

Le taux élevé d'azote est dû à un enrichissement inhérent à la culture prairie.

Les sols tourbeux de la vallée de la Bourbre, des marais de Bourgoin, de Morestel, de Crémieu,.... de la haute vall... de la Mateysine..., sont dans le même cas.

La tourbe de la Verpillière contient :

Sable 11.45 o/o (après calcination); chaux exprimée en carbonate 30.66, id.; fer et alumine 15.80, id.; azote 11.05 o/oo ; acide phosphorique 1.67 (après calcination) ; potasse 1.47, id.; magnésie 1.22, id.

Cette tourbe est près de trois fois plus riche en azote que le fumier de ferme; employée comme litière, elle permettrait de fabriquer un fumier d'une valeur fertilisante remarquable.

Un échantillon de tourbe recueilli sur le plateau de Chambarand était plus riche encore car il titrait 17 o|oo d'azote.

Prairies temporaires.

On appelle de ce nom les plantes fourragères graminées cultivées seules ou en mélange avec une ou plusieurs légumineuses qui ne doivent occuper le sol que quelques années au plus, c'est-à-dire *temporairement*.

La surface en 1904, a été évaluée à 4.125 hectares pour l'ensemble du département, dont : 2.009 hect. dans l'arrondissement de Grenoble, 546 hect. dans l'arrondissement de la Tour-du-Pin, 790 hect. dans l'arrondissement de St-Marcellin et 780 hect. dans l'arrondissement de Vienne.

Les prairies temporaires ont été beaucoup préconisées par divers chimistes agronomes : MM Dehérain, Georges Ville, Joulie... Dans la prairie permanente il y a entassement de matières organiques et dès lors d'azote qui reste inerte ; par la culture alternante on obtient le maximum de rendement et aussi le maximum d'utilisation.

Dans la Mateysine, le Trièves et surtout la région de Corps, les prairies temporaires sont l'objet d'une spéculation importante et elles ont en partie déterminé la formation des syndicats d'arrosage qui ont pris l'initiative des canaux signalés précédemment.

Elles occupent le sol 2 ou 3 ans au plus et les deux graminées dominantes sont la grande et petite fenasse ordinairement associées au sainfoin ou esparcette. On appelle grande fenasse, le fromental ou avoine élevée et petite fenasse, non l'avoine jaunâtre, mais le dactyle.

La proportion de sainfoin varie avec la durée que l'on veut donner à la prairie. Dans les sols irrigués le fromental résiste moins que le dactyle.

Dans cette région, le but principal de ces « fenasses » est de produire de la graine achetée et triée dans le pays et le plus souvent exportée en Allemagne, d'où elle nous revient parfois considérablement majorée. On coupe les tiges à la faucille et on les fait sécher sur place en très petites moyettes. puis on fauche le dessous que l'on transforme en foin.

La 1re coupe produit de 200 à 300 k. de graines à l'hectare et la seconde, si on laisse grainer les plantes, sensiblement moins.

La 1re année, le fromental domine et la seconde année le dactyle.

La graine mélangée se vend 30 à 40 fr. les 50 kil.; la graine épurée est cotée dans les catalogues commerciaux de 155 à 180 fr. les 100 kil., et le mélange désigné sous le nom de fenasse 85 fr.

L'écart est donc considérable et fait une large part aux intermédiaires. On ne sème jamais le fromental seul car le foin produit, un peu pailleux, est médiocre; du reste le foin obtenu de graminées coupées à la maturation des graines est inférieur à celui qu'elles produisent quand on les coupe au début de la floraison.

Comme l'ensemencement se fait avec la graine récoltée et sans triage, on trouve dans ces prairies, outre les deux espèces dominantes : fromental et dactyle, le fétuque des prés, l'avoine jaunâtre, le ray-grass d'Italie, le ray-grass Anglais, la houlque laineuse, le paturin des prés.... La proportion de graines pures dépasse rarement 60 à 65 0[0.

Les prairies temporaires qui ne sont pas destinées à produire de la graine comprennent au moins deux espèces — une graminée et une légumineuse — mais parfois aussi un plus grand nombre, rarement plus de 4 ou 5 cependant.

Pour les sols humides on peut choisir :

Fléole, trèfle hybride et trèfle ordinaire.

Pour les coteaux et versants subalpins plus ou moins calcaires :

Ray-grass d'Italie, dactyle, sainfoin, trèfle blanc et lupuline.

Pour les terrasses et sols caillouteux et silico-argileux :

Dactyle, fétuque hétérophylle, ray-grass, trèfle blanc, lupuline, sainfoin.

Pour les sols sains, frais et profonds :

Fromental, dactyle, ray-grass anglais, trèfle ordinaire, trèfle blanc et sainfoin.

Fourrages annuels.

La surface en 1904 est de 6.599 hectares pour tout le département.

Dans ce groupe nous avons : le maïs, le trèfle incarnat, très répandu dans les plaines du bas Dauphiné (à consommer en vert avant la floraison) les vesces appelées poisettes (variétés d'automne et de printemps) ordinairement associées à l'avoine, à l'orge ou au seigle...

Le maïs est conservé pour l'hiver par l'ensilage dans quelques exploitations après avoir été coupé à la machine (hache-maïs). Il faut une pression de 400 à 600 k. par mètre carré de section. On obtient l'ensilage *acide* quand on charge immédiatement le silos, et l'ensilage *doux* quand on charge progressivement et après avoir laissé la masse s'échauffer jusqu'à 50° au plus.

Herbages.

Les questionnaires de la statistique définissent les herbages « des parties en herbe consommée sur place et en vert par des animaux de l'espèce bovine que cette herbe permet d'engraisser ».

Les herbages sont donc, les *embouches* ou *embauches* des pays où l'on fait l'engraissement des bovidés à l'herbe, comme en Normandie, en Charolais, en Nivernais, etc.

Nous n'avons dans notre département aucune prairie de cette nature et cependant la statistique de 1904 indique 11.849 hectares d'herbages. Ce fait tient évidemment à une interprétation erronée de la définition ci-dessus et aussi à l'incertitude de classer certaines prairies pâturées et non fauchées, destinées en conséquence à entretenir plutôt qu'à engraisser.

Pâturages et Pacages.

La surface des pâturages et pacages est de 85.008 hectares, dont :

76.063 hectares dans l'arrondissement de Grenoble, 2.085 hectares dans l'arrondissement de Saint-Marcellin, 2578 hectares dans l'arrondissement de Vienne et 4.282 hectares dans l'arrondissement de La Tour-du-Pin.

Les pâturages sont des prairies exclusivement pâturées et non fauchées ; les pacages sont des parties gazonnées aussi, mais plus ou moins régulièrement et exclusivement pâturées également. Il n'y a pas de distinction bien nette entre les deux et c'est pourquoi on les réunit en un seul groupe.

Dans la région extra-alpine (arrondissements de Saint-Marcellin, La Tour-du-Pin et Vienne) les pâtu-

rages et pacages occupent une étendue beaucoup
moindre que dans la région alpine (arrondissement
de Grenoble).

Quels que soient l'ensemencement initial et les
milieux, la flore des pâturages est facilement influencée, non-seulement par les causes naturelles,
mais encore par les espèces animales, l'époque et la
durée de la paissance, le nombre des animaux et
les soins d'entretien, nuls le plus souvent.

Dans la zone montagneuse, les pâturages sont une
cuirasse protectrice contre les érosions et de ce fait
ils agissent sur le régime des sources, des torrents,
des éboulis et des charriages, sur la flore forestière
elle-même et aussi sur le climat.

Les fleuves et rivières sont « les tuyaux de retour
du vaste thermo-siphon dont la mer est la chaudière
centrale et le soleil le foyer naturel. »

De considérations se rapportant à l'érosion des versants, proportionnelle au dénudement, à la pente,
au climat et au coefficient de désagrégation des roches, on peut déduire l'importance des charriages
et l'exhaussement continu du lit des cours d'eau.

Les digues élevées pour protéger les terrains rive-
rains et assurer la sécurité aux villes bâties sur leurs
rives doivent suivre la même loi. Dans ces conditions, les infiltrations latérales augmentent vers les
terrains dont la hauteur est stationnaire, et les chan-
ces de rupture, les dangers de l'inondation, croissent
avec la charge d'eau ou la hauteur du lit.

La défense des villes et la protection des terrains
qui bordent les cours d'eau est plus sûre et moins
coûteuse par le boisement et le gazonnement des

versants d'alimentation, qu'avec des digues dont le prix augmente avec le danger qu'elles font courir et les inconvénients qui en sont la conséquence. La substitution de l'endiguement au colmatage méthodique est une erreur économique et une imprudence. Par conséquent, les travaux qui tendent à fixer les terrains de montagnes en les rendant productifs par la forêt et le pâturage sont d'intérêt local et aussi d'intérêt général. En participant à leur exécution, les particuliers, les communes, les départements, l'Etat et les villes intéressées feraient œuvre de protection, de défense et de rapport.

C'est, en effet, dans la montagne qu'il faut régulariser le torrent et non dans la plaine.

Les pâturages, quelle que soit leur situation, sont destinés à entretenir des animaux qui paissent plus ou moins librement. Les bonnes espèces fourragères sont donc particulièrement recherchées et les mauvaises plus ou moins délaissées selon l'abondance relative des premières par rapport au nombre des animaux. Certaines espèces animales, les ovidés notamment, tondent l'herbe très près du sol, d'autres, au contraire, les bovidés par exemple, ne coupent l'herbe qu'à une certaine hauteur au dessus du sol. La surcharge des pâturages en animaux et les espèces animales admises à la paissance sont des causes actives de changement dans la flore et le piétinement du mouton ajouté à sa manière de brouter tendent au dégazonnement et préparent les érosions, causes artificielles auxquelles s'ajoutent les causes naturelles : ravinement des eaux, avalanches et éboulis aux hautes altitudes.

La chèvre, enfin, est l'ennemie héréditaire de toute végétation arbustive. Sur les versants abrupts où l'érosion est particulièrement active et les sols mobiles, ceux-ci séjournent peu et sont pour ainsi dire toujours récents ou jeunes. Au contraire, dans les dépressions, ils s'entassent, séjournent et vieillissent. L'humification de la surface modifie la composition et le lessivage entraîne en profondeur les éléments solubles. Dans le premier cas, le sol a une composition voisine de celle de la roche qui forme soubassement et dont il dérive ; dans le second cas, son origine mixte et les variations qui dépendent de la végétation déterminent une composition plus ou moins différente de celle de la roche sousjacente. Quand le mélange des deux est possible, quand l'écobuage au moins partiel est réalisable, on peut obtenir des modifications favorables à la production.

L'apport direct d'engrais est parfois pratique, souvent inexécutable, d'ailleurs toujours coûteux.

La construction de chalets-abris appropriés pour les animaux, l'épandage méthodique des engrais recueillis, une réglementation sévère du pâturage quant au nombre, aux espèces et aux périmètres, la destruction des végétaux inutiles ou nuisibles permettent de conserver les pâturages productifs et réguliers. Néanmoins, le mode de possession de ces pâturages : propriétés individuelles, indivisions communales et syndicales, sont des obstacles à la réglementation qui exige des solutions particulières aux divers cas.

Une association s'est constituée à Bordeaux le 21

avril 1904, en vue d'améliorer et de restaurer les pâturages du haut-bassin de la Garonne.

Le service pastoral des Eaux et Forêts étudie le même problème, car beaucoup de techniciens sont convaincus que la dénudation des montagnes est un *péril national*.

Certaines montagnes, nues actuellement, ont-elles été boisées et gazonnées autrefois ? Pour quelques-unes, tout au moins, les avis sont partagés, mais cette divergence n'atténue pas les conséquences du fait.

Le gazonnement conserve le sol et le boisement contribue à le défendre. Celui-ci *constitué* ou *maintenu* suivant certaines lois d'une sorte de tactique géologique et topographique est en relation étroite avec celui-là. Certaines zones doivent être boisées plutôt que gazonnées et les surfaces gazonnées dès qu'elles dépassent des dimensions dont la grandeur dépend de la pente et de la structure des roches doivent être coupées de rideaux boisés que l'on peut appeler « rideaux protecteurs ».

Dans la région alpine, la plupart des pâturages sont alpestres ou montagneux ; quelques uns appartiennent à des particuliers, mais la plupart sont communaux. Quelques communes en possèdent souvent de grandes étendues, plusieurs milliers d'hectares parfois. Ils sont loués, pendant la saison estivale, de juin à octobre, selon l'altitude, à des troupeaux transhumants, indigènes ou exotiques, et constituent un élément de revenu.

C'est cette destination qui est l'obstacle principal à la réglementation qui, pour satisfaire les besoins du présent, compromet souvent ceux de l'avenir et qui met en opposition des intérêts locaux avec des intérêts généraux.

Dans la région extra-alpine ou région des bas-plateaux, des coteaux et des plaines, les pâturages, souvent communaux aussi, ne sont à envisager qu'au point de vue économique surtout et leur entretien ne dépasse pas les bornes des opérations culturales courantes. Leur flore comprend les espèces ordinaires des prairies des basses altitudes avec prédominance des unes ou des autres selon la constitution et la fertilité des sols, le mode de paissance et les soins d'entretien.

Les hauts pâturages alpestres reçoivent des animaux indigènes des diverses espèces domestiques qui, pendant 3 mois environ et sous la garde de bergers, vivent dans un état de liberté presque absolu.

Le lait des vaches est traité dans des chalets généralement incommodes ou insuffisants et le revenu est en déduction du prix de garde et de pâture. L'association pourrait améliorer grandement l'état de choses actuel qui n'est plus en rapport avec les progrès de la laiterie.

Il est aussi en contradiction avec les règles les plus élémentaires de l'élevage, car les quelques taureaux qui vont en transhumance ne sont le plus souvent que des étalons médiocres au lieu d'être des sujets de choix.

Mais l'espèce qui domine est l'espèce ovine, indigène et exotique.

Les moutons du Midi sont très nombreux et la population ovine qui vient chaque année de cette région, brouter l'herbe de nos paturages alpestres dépasse 80.000 têtes, dont 45.000 à 50.000 arrivent par voies ferrées et presque autant directement, à petites journées. L'arrivage a lieu en juin-juillet et le départ en octobre.

La flore des paturages alpestres ou des hautes altitudes comprend des espèces spéciales, les unes essentielles et les autres secondaires, accessoires, inutiles et nuisibles.

Parmi les espèces fondamentales nous trouvons :

Graminées: le paturin des Alpes *(poa alpina et cœsia)*, des fétuques *(f. violacea, varia, pumilus...)*, le nard raide *(nardus stricta)* envahissant et dur en vieillissant, la fléole des Alpes *(phl. alpinum)*, la flouve odorante, l'agrostis des rochers *(a. rupestris)*, l'avoine jaunâtre *(trisetum subspicatum)*.....

Légumineuses : le trèfle de montagne *(tr. montanum)*, le trèfle gazonnant *(tr. cœspitosum)*, le trèfle des Alpes *(tr. alpinum)*, le trèfle brun *(tr. spadiceum)* dans les hautes prairies marécageuses....

Parmi les espèces secondaires :

Le serpolet *(thy. serpillum)*, le plantain des Alpes *(pl. alpinum)*, le plantain de montagne *(pl. montanum)*, les astragales *(a. purpureus et vesicarius)*, le millefeuille *(a. nana)*, l'alchémille *(a. alpina)*.... des familles des : labiées, plantaginées, légumineuses, composées, rosacées. Enfin dans les plantes accessoires : des globulaires, campanules, saxifrages, arnica, œillets, anémones, trolles, renoncules, orchis, joncs, luzules, carex..... et certaines plantes arbustives plus ou moins envahissantes : *arbutus uva ursi et alpina*, airelles, rhododendrons..... non compris quelques sous-arbrisseaux, arbrisseaux et arbustes.

Arbres fruitiers

Nous ne consignerons ici que les espèces dont les fruits font l'objet d'un commerce local ou d'exportation réellement important.

Noyer (*Juglans regia*. Juglandées).

Le noyer est un arbre d'une grande valeur. Son bois est employé en ébénisterie, en menuiserie, en armurerie ; il se vend de 70 fr. à 150 fr. le mètre cube selon qualité et dimensions de la tige — de 1 m. 40 de circonférence extérieure à 2 m. et plus.

Avec le *brou* macéré dans l'eau-de-vie et du sucre, on prépare une liqueur stomachique estimée.

La décoction des feuilles est résolutive, stimulante et antiseptique. L'écorce est employée en teinture. Les fruits, enfin, sont comestibles ; ils sont utilisés en confiserie et fournissent une huile appréciée.

Dans notre département la culture du noyer est un élément de richesse : elle comporte des méthodes et elle fournit à la consommation des variétés qui placent l'Isère au premier rang des pays qui se sont spécialisés dans cette culture.

Les noix de Grenoble sont recherchées en Angleterre, en Amérique, et les variétés exportées dans ces régions lointaines, sont des variétés de table ou de dessert.

Il faut au noyer des sols perméables, profonds, chauds, fertiles et une bonne exposition; il réussit mieux dans les mi-coteaux que dans les vallées, et l'altitude où il domine est comprise entre 200 et 400 m.

Il est particulièrement abondant sur les terrasses d'alluvions anciennes (a¹) qui bordent la basse vallée de l'Isère, de Moirans, à St-Lattier (voir pages 20 et 29) — de 230 à 300 m. d'altitude — dans les cantons de Tullins, Vinay et St-Marcellin. A l'étranger les noix de l'Isère sont indistinctement appelées *noix de Grenoble* ou *noix de Tullins.*

Si cet arbre est délicat quant au climat, il est plus adaptable quant au sol, car la *constitution* de celui-ci a plus d'influence que sa *composition.* On le trouve, en effet, sur les alluvions anciennes, sur les formations molassiques, sur les coteaux jurassiens et crétacés.

A Cognin il végète très bien sur des sols contenant 33 pour 100 de carbonate de chaux et sur d'autres n'en contenant que 1,33 pour 100.

Greffage. — Toutes les variétés de table sont greffés et les deux greffes dominantes sont la greffe en couronne et la greffe en flûte.

Variétés. — On les classe en variétés à fruits de table et en variétés à fruits industriels ou d'huilerie.

Les variétés de table sont :

Mayette. La plus estimée de toutes. Floraison rapide. Expositions chaudes, saines et abritées. Elle domine sur les terrasses des deux rives de l'Isère, de Moirans à St-Marcellin.

Franquette. Moins délicate, réussit à des altitudes plus élevées, — côteaux de la rive droite de Vinay à St-Marcellin.

Parisienne. Floraison lente à laquelle les gelées

printannières sont moins complètement préjudiciables qu'à la variété mayette. Plaines, basses altitudes
de la rive gauche, de Vinay à St-Marcellin.

Sur les bas coteaux de la haute vallée de l'Isère
(Graisivaudan), rive droite et rive gauche, les variétés de table occupent aussi une place croissante. La
variété Meylannaise est originaire de cette région.

La variété d'huilerie ou *chaberte*, petites noix, noix
communes, se trouve un peu partout : plateau de la
Bièvre, coteaux de Voiron à Lyon, par Grand-Lemps,
La Tour du Pin.....

Depuis quelques années les amandes de cette variété (cerneaux secs), choisies et triées sont préparées
par caisses de 25 k. et exportées à Chicago. Cette exportation a provoqué une hausse importante des
noix communes qui de 7 fr. l'hectolitre atteignent maintenant 14 fr. Les cerneaux secs, en caisses, se vendent 180 fr. les 100 k., environ.

Production et commerce :

		Valeur en argent
1893	40.876 q. métriques	1 512.412 fr.
1894	35.516 —	1.421.840
1895	40.713 —	1.628.520
1896	46.153 —	1.816.120
1897	56.476 —	2.146.088
1898	42.807 —	1.925 315
1899	41.539 —	1.873.436
1900	46.944 —	2.238.385
1901	57.385 —	2.169.270
1902	29.061 —	1.241.228
1903	46.094 —	2.729.599
1901	44.829 —	3.407.004

Les prix moyens indiqués par ces diverses statistiques sont de :

37 — 40 — 40 — 40 — 38 — 45 — 45 — 50 — 38 — 42,70 — 59,20 — 76 fr. le quintal métrique.

Le poids moyen de l'hectolitre de noix sèches varie de 30 à 40 k. :

30 à 33 k. (mayette et parisienne), 33 à 35 k. (franquette) et 36 à 40 k. (chaberte). Un hectolitre de noix chaberte fournit 12 à 14 k. d'amandes brutes dont on trie environ les 2/3 pour faire les caisses d'exportation.

La valeur comparée moyenne des variétés est la suivante :

Mayette et parisienne, 80 fr. les 100 k.
Franquette   75   —

Chaberte commune, 28. Chaberte choisie, 40 fr.

Les prix moyens indiqués précédemment pour la période antérieure à 1903 paraissent un peu faibles car dans la production générale dominent surtout les variétés de table.

La production départementale de 1903 estimée 46.094 q. m. est ainsi répartie : 5.091 dans l'arrondissement de Grenoble, 3.413 dans l'arrondissement de La Tour-du-Pin, 1.186 dans l'arrondissement de Vienne et 36 404 dans l'arrondissement de St-Marcellin où est surtout pratiquée la culture des variétés de table, c'est-à-dire des variétés du prix le plus élevé.

La production de 1904 de 44.829 q. m. se décompose, dans le même ordre, en 8.808 (Grenoble), 5.123 (La Tour-du-Pin), 2.374 (Vienne) et 28.524 (St-Marcellin).

L'exportation des variétés de table se fait surtout

à New-York, Chicago, Philadelphie et quelque peu aussi à Montréal et Quebec.

Les caisses de cerneaux secs sont à destination de Chicago et les expéditions sont de 8.000 à 10.000 caisses de 25 k soit 2.000 à 2.500 quintaux métriques du prix moyen de 125 fr. le q. m. représentant une valeur de 250.000 à 300 000 fr.

La préparation des noix pour l'exportation exige un lavage et un séchage rapide et complet. Si les noyers donnent au paysage de la région où ils sont abondants un aspect très spécial, les séchoirs ajoutent aussi aux habitations un cachet tout particulier.

Le commerce des noix d'exportation est particulièrement actif à Tullins, St-Marcellin, Vinay, Rovon, Cognin, l'Albenc, Poliénas, la Rivière, etc.

Depuis quelques années plusieurs département développent la culture du noyer et empruntent au département de l'Isère ses variétés et ses méthodes. La concurrence du Canada semble aussi s'affirmer en Amérique.

Engrais et fumures :

D'études exécutées il y a quelques années ici il résulte que le noyer est gros consommateur d'azote ; il lui faut aussi du phosphore et de la potasse sous des formes très assimilables

L'amande de la noix contient 1.73 % d'azote quantité presque égale à celle qui existe dans le grain de blé et qui est de 2 %,

Dans les cendres de feuilles on trouve 1.984 % d'acide phosphorique et 3.242 % de potasse ;

Dans les cendres de bois, 1.320 et 2.316 ;

Dans les cendres de coquilles, 5.624 et 22.46;
Dans les cendres d'amandes, 10.88 et 11.73.

Dans le même ordre les doses de chaux sont de : 37.745, 37.255, 15.97 et 2.453 %.

L'engrais *mixte* ou *organo-chimique* approprié devrait réaliser la composition suivante :

Fumier de ferme, 1000 k.

Nitrate de soude, 40 k.

Superphosphate de chaux riche, 30 k.

Sel potassique (sulfate ou carbonate), 6 à 8 k., selon le dosage.

La quantité à employer, *tous les 3 ans*, de ce mélange *homogène* ne devrait pas être inférieure à 500 k. par 100 m. carrés de *couvert*.

Si l'engrais au lieu d'être mixte était seulement chimique, il faudrait encore par 100 m. carrés de couvert et tous les 3 ans.

Nitrate de soude, 50 k.

Superphosphate riche, 40 k.

Sulfate de potasse, 10 k.

Ces quantités sont du reste problématiques et le double aspect de la végétation et de la fructification doivent guider dans les doses à employer et dans les dosages à essayer.

Si la fructification est médiocre et la végétation luxuriante, il faut diminuer l'azote et augmenter le phosphate et la potasse ; si au contraire la fructification est satisfaisante et la végétation languissante, il faut augmenter l'azote sans diminuer les autres matières et dans beaucoup de sols, comme aussi dans beaucoup de cas, la potasse étant très mobile et particulièrement entraînable, son intervention, doit être fréquente.

Façons culturales :

L'emploi de la charrue exige des précautions et n'est pas exempt d'inconvénients en raison des blessures et parfois des sections faites aux racines. Ces blessures se cicatrisent difficilement et favorisent la pénétration des parasités souterrains du groupe des champignons, peut-être même des bactéries.

Parasites.

Champignons :

Une espèce ayant quelque analogie avec l'anthracnose de la vigne attaque les feuilles et les jeunes fruits sur lesquels il produit des taches noires parfois nombreuses et alors nuisibles à la fructification et à la végétation ; c'est le *marsonia juglandis* de l'ordre des *ascomycètes.*

Les solutions cupriques en pulvérisations sont efficaces, mais d'une exécution difficile.

Le ramassage des feuilles et leur utilisation comme litière, puis leur passage sur le tas de fumier tassé et arrosé, semblent recommandables.

La maladie du tronc et des racines est de nature obscure ; bactéries ou pourridié (*agaricus melleus*), peut-être les deux. Le raclage de l'écorce des parties altérées et des badigeonnages avec une solution de sulfate de fer et des fumures copieuses sont souvent efficaces.

Insectes :

Le hanneton commun, la teigne (*gracilaria juglandella*), la chenille du fruit, le puceron jaune.

Emoussage :

Le tronc et les grosses branches des arbres en foule (noyeraies) sont souvent couverts de mousse. Ce vêtement poreux et humide est nuisible directement et constitue un refuge pour les insectes et les semences des espèces parasites.

La destruction de la mousse est certaine avec des solutions ferreuses ou avec un lait de chaux grasse assez liquide pour être projeté par un pulvérisateur à jet droit et à longue tige.

Rendement en huile :

L'amande contient 64 pour 100 d'huile ; le poids de la coquille, d'ailleurs variable, est d'environ 54 pour 100 et celui de l'amande de 46 pour 100.

Le rendement déduit de ces nombres est d'environ 11 k. 500 ou 12 litres (la densité de l'huile étant de 0.928) d'huile pour 18 k. d'amande soit de 8 à 12 litres par hectolitre de noix selon la variété, la densité et les années.

Dans la pratique on compte ordinairement 1 litre d'huile pour 2 k. d'amandes, mais parfois aussi pour 1 k. 500 seulement ce qui équivaut à 12 litres pour 18 k., nombre qui résultait du calcul précédent.

Pêcher (*Persica vulgaris* ou *amygdalus Persicæ.* — amygdalées).

Depuis une vingtaine d'années, la culture du pêcher a pris une extension croissante dans les communes qui bordent la vallée du Rhône où le sol et le climat sont particulièrement favorables à la végétation de cet arbre un peu délicat et à la qualité de ses fruits.

Pendant près de trois semaines, les gares de Saint-Rambert, Epinouze et Beaurepaire expédient ensemble, chaque jour, 12 à 15 wagons de pêches pour Paris provenant des communes des cantons de Roussillon et de Beaurepaire (Isère) et des communes de la Drôme; les expéditions des communes des cantons de Vienne se font par d'autres gares et n'ont pas la même importance.

C'est donc plus de 10.000 q. m. de pêches récoltées dans notre département qui sont annuellement exportées à Paris durant cette période et qui, au prix moyen de 65 fr. le q. m. représentent au moins 650.000 fr., sans compter la consommation locale et les expéditions à destination de Lyon, St-Etienne, Annonay, Rive-de-Gier, d'une valeur moindre, mais néanmoins appréciable.

Par suite de la concurrence croissante et surtout après l'extrême abondance de la production de 1900 qui avait avili les prix, beaucoup de producteurs se sont spécialisés dans la production de ce qu'on appelle la grosse pêche, d'une valeur marchande plus élevée et surtout plus régulière. Ce résultat est obtenu, sans changement de variété, par une taille plus soignée et par des émondages réitérés et opportuns des fruits, postérieurement à la fécondation.

Ces pêches soigneusement emballées en petites caisses de 6 se vendent parfois 150 fr. les 100 k., emballages perdus, et les 6 pêches pèsent fréquemment 1000 à 1100 gr. ce qui fait un poids moyen de 160 à 180 gr. par pêche.

La récolte est très inconstante comme quantité et les cours commerciaux ainsi que l'activité de la vente sont en conséquence très variables.

Les frais d'expédition : transport, camionnage, manutention, courtage, s'élèvent, pour Paris, à 25 fr. les 100 k. environ, non compris les frais d'emballage. Depuis longtemps les producteurs sont vainement en instance pour obtenir le tarif par wagons complets au lieu du tarif de détail. Les emballages ordinaires se font dans des paniers d'osier solides à couvercles de 0.40, 0.35, 0.20, de dimensions moyennes.

Dans la région sous-Viennoise, les plantations de pêchers sont généralement situées sur les terrasses plus ou moins caillouteuses d'alluvions anciennes a¹ qui présentent deux niveaux distincts (v. page 32) ; le 1ᵉʳ a 150ᵐ d'altitude moyenne et surplombe la vallée actuelle a² de 20 à 30ᵐ et le second a de 150 à 200ᵐ, en exhaussement sur le précédent de 10 à 50ᵐ.

Le sol est caillouteux à cailloux cristallins et surtout quartziteux, sablo-argileux, le plus souvent sans calcaire ou très peu calcaire, sauf dans le voisinage des coteaux de bordure molassiques, les quelques coteaux morainiques et le petit mamelon pliocène de Roussillon.

Vers Grenoble, sur le versant jurassique de La Tronche et dans la combe infra-crétacée de St-Martin-le-Vinoux où par suite de l'exposition S, et S-O, le climat est chaud et assez régulier, le pêcher prospère dans des sols argilo-calcaires où le titre en carbonate de chaux dépasse souvent 30 % et atteint même parfois 60 %.

Les pêchers sont taillés chaque année en gobelets branchés à 1ᵐ50 au-dessus du sol environ et remplacés dès que leur végétation faiblit ou que des vides trop nombreux se produisent sur les branches principales.

Variétés. — On cultive spécialement pour l'exportation, dans la région viennoise, le pêcher à fruits précoces et les deux variétés dominantes sont : Amsden et précoce de Hale, la 1ʳᵉ de 3 semaines plus hâtive que la seconde.

Ces variétés sont plantées aussi ailleurs et leur hâtivité les fait rechercher. On trouve aussi : Madeleine, grosse mignonne, la pêche commune ou des vignes, et vers Grenoble la pêche de Syrie ou Michal, un peu tardive, mais de très bonne qualité, sans compter quelques variétés nouvelles et locales.

Greffage. — De belles pépinières existent dans la région du pêcher pour les besoins des plantations et replantations et beaucoup de propriétaires possèdent des pépinières pour leur usage.

On greffe en écusson, en août, à œil dormant, sur franc le plus souvent. Pour les sols profonds le greffage sur amandier est à conseiller et pour les sols calcaires, un peu argileux, le greffage sur prunier.

Engrais. — D'études faites ici, en 1900, on peut déduire les notions suivantes :

La quantité d'eau contenue dans une pêche est de :

Noyau, 38.72 % ; Pelure (épicarpe), 80.38 ; Chair (mésocarpe), 82.76 ; Ensemble, 77.63.

La chair à l'état sec contient 1.106 % d'azote ce qui fait, à l'état frais, 0,221 % seulement.

Des quantités de chaux, d'acide phosphorique et de potasse trouvées dans les cendres des diverses parties du fruit il ressort que la pêche est un fruit *potassique* et que si on la mangeait *sèche* elle serait même un fruit *nourrissant*.

Les trois éléments essentiels de fertilité : azote, acide phosphorique et potasse sont, dans le fruit, dans les rapports de 1. 5, 1 et 3, 5 correspondant à une formule d'engrais de :

Nitrate de soude...........	32
Superphosphate riche.....	31
Sel potassique.............	37
Total................	100

Le carbonate de potasse brut, que l'on peut remplacer par des cendres de bois non lessivées dans le rapport de 1 pour le premier et de 6 pour les secondes paraît, pour le pêcher, le sel potassique à préférer, mais il ne doit pas être mélangé d'avance avec le superphosphate qu'il tend à transformer en phosphate précipité.

Production :

Les statistiques antérieures à 1902 n'indiquent pas la production du pêcher ; la progression de sa culture ne peut donc s'en déduire, quoique réelle.

La production a été évaluée pour les années 1902, 1903 et 1904 pour l'ensemble du département à :

1902, 29.280 q. m., v. 698.373 fr., valeur moyenne du q. m. 29 fr.

1903, 788 q. m., v. 72.332 fr., valeur moyenne du q. m. 92.

1904, 45.114 q. m., v. 1.478.990 fr., valeur moyenne 85 fr.

La production en 1903 a été presque nulle.

En 1904 la répartition par arrondissement est de : Grenoble, 959 q. m. ; Vienne, 41.341 q. m ; La Tour-du Pin, 2.075 q. m. ; St-Marcellin, 739 q. m. ; Ensemble, 45.144 q. m.

Parasites :

Champignons. — *Blanc* ou *oïdium* (sphœrotheca pannosa). Soufrages.

Pourridié (rosellina necatrix)...? pas de traitement connu. Ne pas replanter à la même place ou changer la terre.

Cloque. — On distingue la cloque provenant des pucerons — fausse cloque — et la cloque produite par l'exoascus déformans ou vraie cloque. Les deux sont communes les années humides et aux expositions défavorables.

Bouillies cupriques, chaux soufrée et cuprique, cendres cupriques soufrées.

Gomme. — Maladie toujours grave.

Insectes. — *Pucerons.* Communs et parfois abondants — petits pucerons de l'amandier et du pêcher au printemps et gros pucerons verts en été. Jus de tabac dilué dans de l'eau de savon en pulvérisations répétées.

Cochenille du pêcher, id.

Prunier (*prunus domestica*, amygdalées).

Le prunier ne produit des fruits que pour la consommation locale et l'évaluation de sa production est problématique.

Dans les années de grande abondance une partie des fruits est soumise à la fermentation et le produit distillé fournit une eau-de-vie assez appréciée. On n'exporte pas de prunes fraîches et on fait peu de pruneaux pour le commerce.

Evaluation de la récolte de 1904 :

Arrondissement de Grenoble, 3.408 q. m.; Vienne, 801 ; La Tour-du-Pin, 2.677 ; St-Marcellin, 1.791.

Total : 8 677 q. m. estimés 78.093 fr.

En 1903 la récolte a été très faible, 656 q. m. seulement ; En 1902, 1.048 q. m. ; En 190_, 2.480 ; En 1899, 1 634 ; En 1897, 822 ; En 1895, 4.100 ; En 1894, 1.934.

Pommier et poirier (*malus* et *pyrus communis*, pomacées).

On distingue les pommes et poires à couteau ou de table, les pommes et poires à cidre.

Cidre et pommes à cidre. — Le pommier à cidre n'est pas cultivé spécialement dans notre département et la fabrication du cidre est un moyen d'utiliser les pommes communes les années de surproduction. Dans ce cas, on les mélange en proportions très variables avec des pommes de table de faible valeur ou de conservation difficile. Il y a une vingtaine d'années, alors que le vin était cher, la Société d'agriculture de Grenoble tenta de développer la plantation des variétés à cidre par des distributions gratuites de sujets greffés importés de Normandie. Ces distributions ont duré une dizaine d'années et on rencontre maintenant des arbres en plein rapport de vraies pommes à cidre. Actuellement la reconstitution des vignobles et le bas prix des vins ne motivent plus les plantations qui étaient surtout destinées aux régions non viticoles à une époque où le vin était à un prix élevé.

Comme le pommier saisonne, sa récolte est un peu périodique et parfois très variable.

La quantité de cidre produite a été estimée à : 2.543 hectolitres en 1897 ; 2.662 en 1898 ; 2.357 en 1902 ; 990 en 1903 ; 13.000 en 1904 (année d'extrême abondance).

En 1902 la répartition par arrondissements a été la suivante : Arrondissement de Grenoble, 1 383 hectolitres ; Id. Vienne, 60 ; Id. La Tour-du-Pin, 483 ; Id. St Marcellin, 431. Ensemble, 2.357.

L'hectolitre de pommes pèse 60 k. et il en faut environ 2 hectolitres pour produire 1 hectolitre de cidre ; ce rendement dépend des pommes et du mode de fabrication.

Le pommier à cidre est toujours un arbre de haute tige que l'on greffe sur franc, en écusson, en septembre, en fente et en couronne en avril.

Pommes et poires à couteau ou de table.

Cette production, très variable avec les années, est d'une évaluation problématique.

Dans les vergers, le pommier est plus répandu que le poirier et, à part les plantations faites par les amateurs et les arboriculteurs, les bonnes variétés de poires d'hiver sont encore rares. On trouve surtout des variétés communes à cuire, pour l'hiver, ou quelques variétés d'été. Les pommiers producteurs des variétés de choix sont au contraire nombreux et la variété qui domine est la « reinette du Canada. » On rencontre aussi la reinette grise et quelques calvilles.

Le pommier de la variété reinette du Canada passe pour réussir moins bien qu'autrefois et beaucoup de vieux arbres sont en effet chétifs : parasites, maladies, mousses, climat parfois, sont tour à tour accusés de cette décrépitude qui, disent quelques planteurs, s'observe aussi sur plantations récentes.

On pourrait alors, s'il en est ainsi. accuser également les plantations et les sujets, le plus souvent multipliés dans les pépinières, alors qu'autrefois on les choisissait davantage parmi les sauvageons croissant naturellement.

En 1904 la récolte des poires et pommes a été estimée à 65.249 q m. du prix moyen de 14 fr. le q. m. L'année 1901 a été extrêmement abondante et ainsi répartie par arrondissements: Arrondissement de Grenoble, 9.787 q. m. ; de Vienne, 16.989 ; de La Tour-du-Pin, 22.844 ; de St-Marcellin, 16.629.

En 1902 la récolte a été de 11.089 q. m. et en 1903 de 4.498 q. m. seulement.

Le pommier réussit surtout dans les vallons et vallées. sur les versants un peu ombrés exposés au nord. dans les sols frais, profonds, argilo siliceux et argilo-calcaires. Dans l'arrondissement de Grenoble il est particulièrement cantonné dans le haut vallon situé au raccordement du lias (jurassique inférieur) et des chaînes cristallines alpines, lorsque l'altitude n'excède pas 600 à 800ᵐ : Revel, Laval, Theys...

Il est très répandu aussi dans les vallées et sur les petits coteaux des autres arrondissements, particulièrement de La Tour-du-Pin.

Les pruniers, poiriers et pommiers sont attaqués par de nombreux parasites : rouille du prunier (*puccinia pruni*), rouille du poirier (*gymnosporangium sabinæ*), tavelure du poirier et du pommier (*fusicladium pirinum* et *dendriticum*), la cloque du poirier (*taphrina bullata* et *phyloplus piri*) de la classe des champignons.

Parmi les insectes nous rencontrons surtout ;

Coléoptères — scolyte rugueux, charançons ou rhynchites coupe-bourgeons, l'anthonome (rare chez nous et très commun en Normandie).

Lépidoptères — plusieurs bombyx, les teignes du groupe des tinéides ou petites chenilles des feuilles, véritable fléau des pruniers et pommiers (échenillage), les vers des fruits en carpocapses des prunes, poires et pommes.

Hemiptères — les pucerons, notamment le puceron lanigère du pommier (pulvérisations de jus de tabac savonneux, les coccides, le tigre, les tenthrèdes.

On greffe le poirier sur cognassier pour obtenir des formes moyennes (arbres de jardin) et sur franc pour les grandes formes (arbres de verger).

On greffe le pommier :
Sur franc, pour les grandes formes (vergers).
Sur doucin, formes moyennes (jardins).
Sur paradis, petites formes, cordons, arbres nains (jardins).

Cerisier — *(cerasus vulgaris et cerasus avium, — amygdalées).*

Le cerisier est en culture croissante et l'exportation a aujourd'hui une importance qu'elle n'avait pas autrefois.

Dans la vallée du Rhône — arrondissement de Vienne, — et sur les coteaux de la rive droite de l'Isère — arrondissement de Grenoble, — la production est importante.

Ce fruit vermeil, savoureux, sain, est le premier de la série et, à ses qualités particulières, il joint le mérite d'une précocité qui depuis bien longtemps l'a rendu populaire.

La statistique n'enregistre que la production de la cerise à ratafia, liqueur qui est une spécialité dauphinoise appréciée. On fait aussi dans l'Isère un kirsch renommé qui se vend couramment 3 fr. 50 à 5 fr. le litre selon sa provenance.

Toutes les cerises à chair molle (guignes et merises) peuvent être employées à la fabrication du ratafia et, après fermentation, à la distillation du kirsch. Néanmoins c'est surtout une variété locale spontanée, à petits fruits noirs, dite mouronne, qui reçoit de préférence cette destination.

La cueillette en est très longue, mais son prix est moins élevé que celui de la cerise commerciale et la liqueur ainsi que le kirsch obtenus ont plus de finesse.

On a estimé la production des cerises à ratafia à 970 q. m. en 1904 dont moitié pour l'arrondissement de St-Marcellin — région de la Sône — et moitié dans l'arrondissement de Grenoble — vallée du Grésivaudan et région d'Allevard.

Cette quantité paraît inférieure à la réalité car les liquoristes de Grenoble, Voiron et Grand-Lemps traitent au moins 1500 q. m.

Avec 150 k. de cerises on obtient 100 litres de jus et 100 k. de cerises produisent 6 à 8 litres de kirsch.

Le kirsch de la Chapelle-du-Bard, du Moutaret et de St-Maximin est particulièrement recherché.

Les cerises à ratafia se paient, en moyenne, 15 fr. les 100 k.

La distillation du kirsch se fait habituellement, chez les particuliers, avec des alambics chauffés au bain-marie, d'une contenance de 15 à 20 litres. On ajoute à chaque coulée 1/2 litre, 1 litre au plus, des noyaux concassés.

La production du ratafia est au moins de 1,000 hectolitres dont 600 à Grenoble; celle du kirsch, dans les communes précitées ne dépasse pas 8 à 10 hectolitres, alors que les liquoristes de Grenoble en produisent au moins 35 à 40.

Le cerisier a quelques parasites spéciaux :

La cloque (*exoascus cerasi*), la gomme, etc. de la classe des champignons, et divers insectes : pucerons (hemiptères) et surtout la larve d'une mouche (diptères) qui attaque le fruit, oortalide de la cerise, surtout commune dans les variétés du groupe bigarreautier.

Vigne (*Vitis vinifera*, Vitacées).

Le genre *Vitis* comprend plusieurs espèces. L'espèce *vinifera* a servi de souche à tous les cépages européens, mais depuis l'invasion phylloxérique plusieurs espèces d'origine américaine ont été acclimatées chez nous, notamment les vitis : riparia, æstivalis, labrusca, cordifolia, rupestris, monticola, lincecumii...... Parmi elles, les unes sont sans mélange et alors employées comme porte-greffes, les autres sont issues de croisements et utilisées comme porte-greffes ou producteurs directs. Les croisements sont : des métis (croisements entre variétés de la même espèce) ou des hybrides (croisements entre espèces ou variétés d'espèces distinctes).

La vigne est un végétal vivace, rustique, d'adaptation facile. Son aire géographique est très étendue et son aire géologique ne l'est pas moins. Elle est donc adaptable à des climats et à des sols variés. Les expositions chaudes et ensoleillées développent les qualités du vin et les sols pierreux ou caillouteux, sains, ferrugineux, à pouvoir calorifique élevé, riches en potasse et en phosphate contribuent aussi à produire des vins colorés, alcooliques et parfumés.

Dans le département de l'Isère les vignobles ne dépassent pas l'altitude de 800 m. dans les vallées encaissées, sur les versants pierreux inclinés et orientés au S. à l'E. et à l'O. (vallées du Drac, de l'Ebron, de la Gresse). Les coteaux de 300 à 600 m. d'altitude sont ceux où dominent les vignobles et qui produisent les meilleurs vins (vallées du Drac, de la Gresse, vallée de l'Isère, rive gauche et rive droite en amont et en aval de Grenoble, coteaux du bas Dauphiné....)

Aux basses altitudes, vallées et plaines, la vigne

est conduite en grandes formes, petits et grands treillages, avec ou sans cultures intercalaires. Le rendement est élevé, mais les vins sont légers et un peu durs.

La vigne se développe presque indistinctement sur toutes les formations géologiques. Nous la voyons prospérer :

Dans nos vallées à sols complexes provenant de charriages formés d'éléments cristallins des chaînes alpines, d'éléments calcaires et argileux des chaînes subalpines, disposés en assises argileuses, marneuses, sableuses et caillouteuses ;

Sur les versants jurassiques et crétacés des vallées de l'Isère, du Drac, de la Gresse, de l'Ebron ;

Sur les versants molassiques et les cailloutis de recouvrement de la basse vallée de l'Isère, de Moirans à St-Lattier, les coteaux caillouteux et molassiques du bas Dauphiné ;

Sur les terrasses de la vallée du Rhône, les coteaux jurassiques de Crémieu, etc.

La *qualité* du vin dépend :

1º Du cépage ; 2º du milieu ; 3º du mode de conduite : forme, taille, culture.

Lorsque l'on compare entre eux des vins de provenances différentes, les différences sont imputables à l'un ou l'autre de ces facteurs, à plusieurs même parfois et, pour mettre en évidence ce qui revient à chacun, il faut que les autres demeurent constants, ce qui est très rare et le plus souvent problématique.

D'une façon générale on constate que les vins de

coteaux sont supérieurs aux vins de plaines, mais comme la vigne n'est point conduite dans les coteaux comme dans les plaines, que l'encépagement est rarement identique, et que les sols des coteaux, souvent formés sur place, sont ordinairement différents des sols de plaines, le plus souvent issus de charriages, il en résulte que, même dans ce cas spécial où tous les auteurs sont d'accord sur le fait il y a divergences quant à la valeur exacte des causes.

Quoiqu'il en soit, le rôle prépondérant ou tout au moins le rôle *principal* appartient au *cépage* et le rôle *complémentaire* aux *milieux*.

On peut définir cette particularité en disant que le cépage produit la *chose* et les milieux *l'adjectif*. De sorte que chaque cépage donne un vin d'une nature spéciale, individualisé par sa composition et ses propriétés organoleptiques et les milieux lui fournissent ses qualificatifs, abstraction faite de sa nature initiale.

Notre cépage dauphinois *persan* produit du vin de l'Isère quel que soit le pays où on le cultive, et ce vin est médiocre, passable ou bon selon les milieux. Le pinot donne du Bourgogne en Dauphiné, dans le Bordelais même, encore avec des qualités différentes selon son adaptation. En d'autres termes le vin dépend du cépage et sa qualité résulte des milieux sans que l'un puisse faire exactement la part de chacun. Beaucoup de praticiens n'hésitent pas à mettre le sol en première ligne, mais le sol par sa structure et ses propriétés physiques réagit sur le climat et les fonctions végétales en même temps qu'il assure l'alimentation ; il a donc une influence complexe.

La *désignation* des vins d'après leur origine géographique résulte d'une habitude ancienne consacrée par l'expérience et les usages commerciaux, mais en réalité elle est motivée par l'influence prépondérante du cépage dominant.

On appelle *cépage* une unité qui peut être *variété* ou *variation*. La variété, en botanique, est un groupe dans l'espèce dont les caractères sont transmissibles par hérédité sous la réserve que l'hérédité intervienne par voie génératrice, c'est-à-dire par fécondation et semis. Or la vigne, comme beaucoup de végétaux vivaces, se multiplie le plus souvent par bouturage et greffage ; on ne sait donc pas toujours si par semis les caractères sont transmissibles avec la constante héréditaire caractéristique de la variété. Ce cépage est en réalité une unité *ampélographique* plutôt qu'une unité *botanique* ; quelques cépages ont sans doute rang de *variété*, mais la plupart ont surtout rang de *variation*.

Formes. — Dans le département de l'Isère la vigne affecte des formes assez variées selon les régions, les habitudes et les cépages.

Elle est cultivée seule et alors en rangs serrés, ou associée à d'autres cultures dites « intercalaires » et alors en rangs espacés.

Dans ce dernier cas les grandes formes sont habituelles ordinairement ; dans la région viennoise cependant, les vignes basses sont parfois disposées en lignes groupées avec intervalles cultivés, soit en cultures ordinaires, soit en cultures arbustives, notamment le pêcher plein vent, simplement taillé (pêche ordinaire), parfois pincé et émondé (grosse pêche).

Les petites formes dites *vignes basses*, sont communes dans les coteaux et dans quelques plaines. La tige est ordinairement bifurquée ou trifurquée (deux ou trois tailles) à une faible hauteur au dessus du sol. Chaque cep est soutenu par un échalas vertical, plus rarement les échalas sont inclinés et réunis par 2 ou 3, parfois enfin, on les remplace par 1 ou 2 fils de fer horizontaux.

Les grandes formes sont beaucoup plus variées encore :

Les *grands treillages*, communs dans la région grenobloise, notamment dans les vallées, sont en rangées espacées de 8, 10, 12 mètres et plus. La tige est disposée horizontalement à 0.80 ou 1 mèt. au-dessus du sol, et l'armature se compose de forts piquets plus ou moins espacés et reliés entre eux par une perche inférieure et une perche supérieure distante de 0.80 environ de la précédente. Sur les deux enfin s'appliquent de petits échalas ou palissons disposés verticalement. Ce genre d'armature tout en bois, coûteux d'installation et d'entretien, devient rare et on substitue le fil de fer galvanisé à la perche supérieure, parfois même à la perche inférieure et les palissons sont remplacés par trois rangées de fil de fer intercalées.

Pour appliquer la taille longue Sylvoz, on dispose encore à 0.25 au-dessous de la tige un fil de fer supplémentaire destiné à attacher les branches à fruits fortement courbées.

Les perches et les piquets eux-mêmes sont remplacés parfois par des fers cornières ou à T, scellés dans des blocs de béton placés en terre (1/3 sable, 1/3 gravier lavé 1/3 ciment demi lent ou lent). On fait aussi des piquets de ciments moulés autour de fer cornière, mais ce procédé, appliqué vers Saint-Robert. Voreppe, Moirans, s'est peu répandu.

Vers Bourgoin, La Grive, St-Chef, Vénérieu, etc, les piquets, surtout ceux de l'extrémité des rangées sont en pierres, qui proviennent des importantes carrières de la région, notamment de celles qui appartiennent au Jurassique moyen, à l'étage bathonien surtout.

Dans la région de Bourgoin, l'armature consiste parfois aussi en piquets réunis par une traverse supérieure sur laquelle sont fixés des échalas verticaux qui partent du sol, ou bien en piquets réunis par une traverse supérieure et une traverse inférieure avec palissons fixés sur les deux, ce qui donne à l'ensemble l'aspect de petites barrières. Actuellement soit la traverse supérieure, si elle est unique, soit les deux, sont remplacées par un ou deux fils de fer auxquels sont attachés les échalas ou palissons.

Dans le Royannais et dans la vallée du Rhône, vers Vertrieu, les grands treillages ont souvent la forme de tonnelles plates, forme bien compliquée qui rend les traitements, la taille et l'attachage difficiles.

Nous voyons encore dans les mi-coteaux et vers la base des versants, les petits treillages ou « lisses » plus simples, moins amples et moins couteux d'installation que les grands treillages.

Le cordon simple ou « petite lisse » s'est beaucoup répandu depuis quelques années.

La vigne en *hautains* sur arbres en végétation, autrefois communs dans les basses vallées sont aujourd'hui très rares ; les hautains ont été remplacés par les treillages. Ces grandes formes sont localisées dans les vallées, car elles sont moins sensibles que les vignes basses aux gelées du printemps et, en raison de l'écartement ménagé entre les rangées, elles permettent toutes les cultures intercalaires courantes.

Taille. — Selon les formes et les cépages, on pratique la taille longue ou la taille courte, parfois même la taille mixte.

Nous trouvons dans le département les systèmes suivants :

Taille courte simple ou mixte.

Taille longue, ordinaire à archets (branches à fruits), à courbure lâche ; taille de pays ; treillages.

Taille longue, ordinaire à archets (branches à fruits), à courbure brusque ; taille Sylvoz ; treillages.

Taille longue ordinaire, à branches à fruits horizontales ; taille Guyot : rare.

Taille longue ordinaire, à branches à fruits courbées.

La courbure lâche a des inconvénients ; la courbure trop brusque en a aussi ; la courbure rationnelle est entre les deux.

Années 1860, surfaces en hectares 26.091, récoltes en hectolitres, 709 151. — 1885, 25 802, 522.181. — 1886, 22 707, 410 896. — 1891, 23.930, 287.400. — 1892, 29.146, 369.156. — 1894, 29.250, 397 809. — 1895, 27 688, 373.132. — 1896, 26.783, 461 000. — 1897, 25.041, 413.360. — 1898, 25.405 395.626. — 1899, 26.419, 459 068. — 1900, 26.673, 739.152. — 1901, 26.211, 615.000. — 1902, 25.807, 590.969. — 1903, 25.787, 459.752. — 1904, 25.051, 548.500. 1905, 26.372, 580 430.

La répartition de la récolte et de la surface, par arrondissement, a été en 1905 de :

Arr. de Grenoble, 9.791 hectares et 191.794 hectolitres ; Vienne, 6.104, 145.576 ; La Tour-du-Pin, 5.193, 126.880 ; St-Marcellin, 5.281, 116.180.

La récolte moyenne départementale des 17 années ci-dessus, ressort à 497.834 hectolitres.

La production moyenne de la France déduite des 42 années comprises entre 1864 à 1905, a été de 41 004.405 hectolitres, alors que la production a été, dans ces dernières années, de : 56 613.544 hectolitres en 1905 ; 68 883 452, 1904 ; 35 240.257, 1903 ; 42.257.336, 1902 ; 60 074.110, 1901 ; 68.514.906 1900 ; correspondant à une moyenne de 55.263.930.

Ces nombres établissent une surproduction apparente de 11 millions d'hectolitres ; et je dis apparente parce que dans cette période de 42 années, beaucoup ont été déficitaires ; 1867, 1879, 1880, 1881, 1882, 1883, 1884, 1885, 1886, 1887, 1888, 1889, 1890, 1892, 1891, 1895, 1897, 1898, alors qu'en 1865 la production a dépassé 79 millions d'hectolitres, qu'en 1874 elle a été de 63 millions et qu'en 1875 elle a atteint 83.632.390 hectolitres.

Cépages

La nomenclature ampélographique de notre département a subi quelques changements depuis la reconstitution qui a fait suite à l'invasion phylloxérique.

La destruction du vignoble par le phylloxéra, rapide d'abord, s'est ralentie ensuite. Nous avons même encore, actuellement, de vieux treillages restés assez vigoureux pour produire d'une façon satisfaisante. Tous nos cépages n'ont pas succombé non plus, avec la même rapidité, et l'étraire de l'adui a montré une résistance relative qui, dans les terrains fertiles et profonds, lui a permis de se défendre parfois longtemps.

L'Isère possède des cépages locaux et des cépages empruntés aux provinces viticoles voisines, depuis très longtemps acclimatés, et aussi des cépages introduits plus récemment, les uns français et les autres franco-américains.

Parmi les premiers nous trouverons :

Cépages noirs :

Le *Persan :* petite étraire bâtarde, guzelle, bégu, à baies ellipsoïdes. Cépage vigoureux, fertile surtout cultivé en treillages à taille longue; vin alcoolique, assez coloré, bouqueté, un peu dur, de conserve. Vallée de l'Isère (deux rives), vallées du Drac, de la Gresse, coteaux de Claix, de Bourgoin.

Il redoute l'oïdium, le mildiou, la plupart des parasites. Maturité de 2ᵉ époque tardive.

Etraire de l'Adui ou *de la Dui,* grosse étraire.

Fertile, vin coloré, baies plus grosses et un peu moins ellipsoïdes que celles du précédent, maturité un peu plus hâtive. — Vignes basses et lisses, plus rarement treillages.

Mondeuse. — Savoyanche, tournerin, mouteuse.

Treillages et vignes basses. Bourgeonnement et floraison tardifs, cépage vigoureux et fertile, peu sensible à l'oïdium, vin de qualité variable, maturité de 2ᵉ et 3ᵉ époques. Coteaux de la vallée de l'Isère et de quelques régions du bas Dauphiné.

Serené, serenèze.

Cépage vigoureux, fertile, robuste, assez résistant à l'oïdium et à la cochylis, mais extrêmement sensible au mildiou ; quelques pépiniéristes le confondent avec le *servanin* des Avesnières qui, comme lui, mûrit à la fin de la 2ᵉ époque et redoute le mildiou. Cette analogie n'est cependant pas certaine. Conduit surtout en treillages, il est particulièrement cantonné vers Voreppe et Moirans. Vin coloré assez fin ayant un goût de terroir prononcé.

Corbeau, douce noire, picot rouge.

Cépage très fertile, vin coloré, peu alcoolique, plutôt plat.

Pelourcin, sela ou selar (très résistant aux fortes gelées d'hiver). Très fertile, vin médiocre.

Durif, Cépage très fertile, commun dans la vallée du Rhône, extrêmement sensible au black rot. Vin médiocre.

Jouberlin, originaire de la région de Claix, fertile, précoce, à raisins assez résistants à la pourriture : vin un peu léger.

Les cépages : *Mècle,* localisé sur les coteaux de de St-Savin, Bourgoin, La Tour-du Pin, *Martellet,* sur ceux des Avesnières, à maturité tardive, *Corbesse,* dans la vallée de l'Isère, — n'occupent dans notre vignoble qu'une place restreinte.

Cépages blancs :

Persan blanc, aiguiselle, galopine...

Verdesse, muscadelle.

Cépage vigoureux, peu sensible aux maladies, fertile, viu alcoolique et de conserve, maturité de 2° époque.

Jacquère, cugnette, martin-cot...

Très fertile, très sensible au black-rot. Vin de qualité moyenne.

Parmi les seconds :

Cépages noirs :

Sirah, serène, serine, candive, marsanne noire, entournerin...

Cépage fin et producteur des grands vins de l'Ermitage et de Côte-rotie, assez fertile, vigoureux, à maturité de 2° époque.

A la Côte-St-André et à la Tronche, la sirah s'appelle candive ; vers Murinais et St-Marcellin, Tullins, marsanne noire ; à Cessieu et La Tour du-Pin, entournerin ; dans la vallée du Rhône on distingue 2 variétés : la sirah de l'Ermitage et la sirah d'Ampuis.

Ce fin cépage, partout où il mûrit, donne du vin de choix, et le cru de Murinais lui doit sa réputation. Le vin de Murinais, dur les premières années, acquiert avec le temps le bouquet et la finesse du vin de Cote-Rotie.

Gamay — Commun sur les hauts coteaux du bas Dauphiné, à Virieu, Cessieu, il est beaucoup plus localisé ailleurs. Ses diverses variétés, généralement fertiles et précoces réussissent bien, donnent un vin agréable, vite prêt pour la consommation, condition qui les rendent particulièrement recommandables aux expositions où la maturité est un peu difficile :

On a essayé aussi :

Le *pinot* ou pineau, précoce, peu fertile, à vin alcoolique et d'une grande finesse, des grands crus de la Bourgogne. Le vin obtenu est très bon durant les premières années qui suivent la plantation ; plus tard il perd de la couleur, de l'extrait, du corps ; il semble vieillir prématurément.

Plus récemment, on a essayé, le *portugais bleu*, le *castel*....., sans beaucoup de succès.

Cépages *blancs*.

Roussane, roussette, rebolot, remoulette... le premier cépage blanc de l'Ermitage — maturité, fin de 2e époque. Vin délicieux, alcoolisé, parfumé et de conserve.

La *Marsanne* avilleran, originaire de l'Ermitage. Vin inférieur à celui de la roussane.

Altesse jaune et verte, prin blanc, viognier vert, ignan blanc, anel... Maturité de 2e époque, excellent vin et très bon cépage.

Semillon et *sauvignon*, fins cépages bordelais de Sauternes.

Pinot ou *pineau blanc chardonnay*, cépage des grands crus de Bourgogne.

Dans la Haute Isère nous trouvons encore :

Anchette (précoce, très fertile ; *Pis de chèvre* (originaire de Hongrie) ; *Cornet noir*, lardal ; *Talarde* ou molard...

Les cépages teinturiers acclimatés ou essayés sont :

Les gamays teinturiers: Fréau, de Bouze, Castille... dans la vallée du Rhône surtout.

Les hybrides Bouschet : petit Bouschet, alicante-Bouschet, grand noir de la Calmette .. Ces cépages donnent de la couleur, mais souvent au détriment de la qualité, et cette couleur est d'une stabilité relative

Depuis longtemps, on a acclimaté dans les vallées où la vigne est exposée aux gelées de printemps un hybride américain issu de l'espèce *V. labrusca*, l'*Isabelle*, très vigoureux, fertile, peu résistant au phylloxéra et producteur d'un vin foxé médiocre.

Dans la reconstitution des vignobles détruits par le phylloxéra, on distingue plusieurs phases.

Durant la 1re, les récoltes étant déficitaires et les vins chers, on a largement essayé les hybrides producteurs d'importation directe, américains et franco-américains. Parmi eux quelques-uns subsistent encore et occupent actuellement une aire géographique d'une certaine importance. Ce sont :

Le *Cynthiana* (*V. labrusca* ✕ *aestivalis* ✕ *cinerea*) localisé sur quelques plateaux d'alluvions anciennes, notamment à Bougé-Chambalud. Vin très coloré, alcoolique et assez bon.

L'Othello (*V. vinifera* ✕ *labrusca* ✕ *riparia*) surtout répandu dans la région viennoise ; fertile, peu résistant, vin coloré et passable dont le goût foxé s'est atténué sensiblement.

Le *Clinton* (*V. labrusca* ✕ *riparia*) très vigoureux, fertile, en grandes formes seulement, petits raisins, vin coloré et médiocre, propagé et conservé dans la Bièvre.

Le *Noah* (*V. labrusca* ✕ *riparia*) assez résistant, produit un vin blanc dur, foxé et une eau-de-vie de bonne qualité. On le trouve surtout dans la région viennoise.

L'insuffisance de beaucoup d'autres et la mauvaise qualité des vins obtenus ont contribué à donner la préférence au greffage de nos cépages sur porte greffes américains résistants, d'abord d'origine directe : riparia, rupestris, vialla, solonis, york's madeira... d'adaptation difficile ou irrégulière à nos sols et à nos cépages.

Les insuccès partiels, de même que la recherche de métis *producteurs* franco-américains, dont quelques-uns furent reconnus insuffisants comme tels, ont enrichi la liste des porte-greffes de plusieurs numéros résistants, plus adaptables, qui permettent, actuellement, de greffer tous nos cépages et de replanter dans tous les sols avec une certitude de réussite à peu près complète.

Parmi les hybrides producteurs directs plus récents que ceux indiqués ci-dessus nous avons : 4401 de Couderc (chasselas ✕ Rupestris ; N° 1 de Seibel (Rupestris ✕ Luicécomii) ; N° 20 de Terras (alicante-bouschet ✕ Rupestris) ; Lacoste (auxerrois ✕

Rupestris) ; Franc (Cabernet $\times$ Rupestris), déjà considérés comme anciens et auxquels s'ajoutent actuellement : les n°s 14, 41, 60, 107, 128, 156, 1020, 1028, 2007, 2014 ...., de Seibel ; 142 5, 503, 603, 132-11..., de Couderc ; des hybrides blancs et noirs de Castel, l'hybride Fournier...

Les hybrideurs sont aujourd'hui nombreux et les hybrides créés sont innombrables.

Au début de l'invasion phylloxérique la résistance à l'insecte était le criterium de la reconstitution ; plus tard et en présence de quelques parasites de la grappe et du feuillage, du groupe des champignons, qui semblaient en période de virulence excessive, on s'est beaucoup plus préoccupé de la résistance des hybrides à ces parasites qu'au phylloxéra lui-même, de sorte que parmi eux il s'en est glissé beaucoup qui ne pouvaient qu'allonger, sans profit, la liste des victimes indigènes.

La crise des vins modifie encore l'orientation des recherches et, finalement, la reconstitution par voie de greffage, toujours la plus importante jusqu'ici, demeure actuellement la méthode prépondérante.

Il faut faire du vin, pas trop de vin, mais surtout du *bon vin*.

Dans les hybrides ci-dessus quelques numéros ont des qualités. Au concours départemental des vins de l'Isère, tenu à Grenoble en avril 1904, un vin de 4401 de Couderc a obtenu un 7me prix et un vin de 156 de Seibel un 16me prix.

Actuellement la défense contre les maladies de la grappe et du feuillage impose de multiples traitements difficiles et coûteux ; il est donc naturel de chercher des cépages moins sensibles, au moment surtout où le vin est abondant et bon marché Il est prudent toutefois de ne pas acquérir la résistance aux dépens de la qualité, tout comme il est sage de se souvenir que le goût et les habitudes ne sont point faciles à régenter et qu'il faut, avant tout, conserver au vin des adeptes, pour assurer aux vignerons des débouchés.

Replantation. Greffage. Ecoles de greffage.

La reconstitution du vignoble à peu près terminée actuellement — sauf dans plusieurs vallées où quelques vieux treillages indigènes produisent encore — s'est effectuée surtout avec cépages français greffés sur cépages américains résistants.

Parmi les cépages français les cépages indigènes dominent, mais on en a essayé aussi quelques autres à la suite d'éloges souvent exagérés de la presse viticole : portugais bleu, castel, hybrides teinturiers Bouschet. Ces cépages ne sont pas à recommander, car ils ont donné des déceptions fréquentes.

Le *portugais bleu* par sa précocité a sa place aux altitudes élevées ; le raisin est bon, mais le vin médiocre et le type gamay lui est bien supérieur. Parmi les hybrides teinturiers Bouschet, le grand *noir de la Calmette* réussit le mieux ; *l'alicante Henri Bouschet* malgré certaines qualités réelles se montre chez nous très sensible aux maladies de la grappe.

Les teinturiers ne communiquent au vin qu'un supplément de couleur, d'ailleurs instable, au dépens de sa finesse ; il est donc rationnel de ne leur accorder, dans les plantations, qu'une place très restreinte.

Les principaux porte-greffes employés dans le département sont : Le *riparia gloire* qui n'a donné de bons résultats que dans les sols profonds et perméables ; dans les coteaux, dans les sols marneux, les insuccès ont été fréquents ; le *Rupestris*, dans les coteaux à cailloutis silicoïdes ; le *Vialla* dans les plaines sableuses de la vallée du Rhône. Dans les coteaux jurassiques et crétacés, on s'est servi avec succès des : *Riparia* × *rupestris* Millardet et Couderc 101 14, 3.306 et 3.309 ; *Gamay Couderc* 3.103 (colombeau × rupestris) ; *1.202* de Couderc (Mourvèdre × rupestris) ; *Aramon* × *rupestris* de Ganzin, et dans quelques sols très calcaires *41* B de Millardet (chasselas × berlandiéri).

Ces divers hybrides, chacun selon ses aptitudes, permettent de replanter à peu près tous les sols de notre région avec nos cépages indigènes greffés.

Pour propager les méthodes de greffage, on a créé de nombreuses écoles qui, après la période d'enseignement, délivraient des diplômes de greffeur aux assistants les plus habiles. Elles ont fonctionné d'après un programme qui comprenait, outre la pratique du greffage, des notions sur la plantation, la création des pépinières, — stratification et élevage des jeunes plants, — et les traitements divers applicables à la vigne.

Pour *replanter*, il faut défoncer le sol à 0m50 au moins, en *plein* pour les plantations serrées ordinaires et *partiellement* pour les plantations espacées : lisses et treillages. Le défoncement à bras coûte en *moyenne* 0.125 le mètre carré, soit 1.250 fr. l'hectare, pour le défoncement en plein.

Dans les plaines on emploie aussi le défoncement avec défonceuses mues mécaniquement, machines à vapeur et treuils, qui défoncent à 0 60 de profondeur ; le prix de revient est en moyenne de 480 fr. à 500 fr. l'hectare ; l'économie est donc considérable. Ce mode de défoncement a été largement utilisé dans les plaines et bas coteaux de la vallée du Rhône.

Ces prix ne sont qu'approximatifs, car ils dépendent des sols et des difficultés.

Vins. — Crus. — Méthodes locales de cuvaison.

Nous n'avons pas dans l'Isère de grands crus qui aient fourni au commerce d'exportation l'occasion d'étendre au loin la réputation de nos vins qui bénéficient surtout d'une réputation locale. Nous en possédons cependant quelques-uns qui fournissent des produits justement estimés, capables de vieillir, et de faire vieillir, ainsi que le démontre l'anecdote suivante qui s'est passée dans une jolie commune de la rive droite de l'Isère, Bernin.

Les vignerons du Graisivaudan sont de gais et solides buveurs.

« En 1828, sept conscrits de cette commune venaient tirer au sort à Grenoble, chantant gaiement derrière le drapeau de la classe.

« En 1888, nos sept conscrits qui avaient alors 80 ans, tous présents, traversaient le village au son d'un vieux tambour, presque aussi gaiement que 60 ans auparavant, et s'asseyaient autour d'une table de banquet amplement pourvue de leur bon vin de Bernin qui, avec la santé, leur avait conservé toujours vibrante la *fibre patriotique* si chère aux Dauphinois. »

La valeur des crus locaux met en évidence l'influence prépondérante du cépage et ensuite celle du milieu. Néanmoins, nous les trouvons sur des sols appartenant à des formations géologiques variées, mais presque toujours sur des coteaux ensoleillés, quoique cependant certains versants moins bien exposés fournissent des produits qui, pour être plus lents à acquérir toutes leurs qualités, n'en sont pas moins renommés.

Dans la région alpine : Sur les pentes caillouteuses et cristallines des rives du Drac : à Savel, Mayres, La Cluze-et-Paquier. Sur le versant jurassique de la Gresse : les Garcins. Sur les pentes crétacées du Drac : Claix. Sur le versant liasique du Graisivaudan et sur les terrasses cristallines des petites vallées transversales, La Pierre, les Marquises. Sur le versant subalpin du Graisivaudan à sols marno-calcaires : La Tronche, St-Ismier, Barraux, et sur les terrains cristallins du même versant : les Ecoutoux, St-Nazaire, les Capitaines. Dans ces divers vignobles domine le Persan.

Dans la région extra-alpine :

Rive droite de la vallée de l'Isère, versant molassique : Murinais.

Ce vin n'acquiert ses qualités de finesse et d'arôme qu'après plusieurs années.

Le cépage qui domine est la syrah de l'Ermitage, appelée marsanne noire dans la région, et candive ailleurs.

Sur les coteaux à soubassement molassique recouvert de cailloutis miocènes : St-Chef, Crucilieu, St-Savin, Cessieu.

Enfin vers le Rhône sur les coteaux cristallins et versants ou plateaux molassiques et alluviens à cailloutis : Seyssuel, Les Roches où dominent le viognier et la syrah d'Ampuis.

Outre ces quelques crus que l'on met au 1er rang il y a encore de nombreux coteaux, versants et plateaux qui produisent des vins estimés dont chaque type est caractérisé par le cépage dominant : le persan pour les vins de la région grenobloise, le Graisivaudan, Claix..., le serené pour ceux de Voreppe, Moirans, Tullins, la syrah de l'Ermitage pour ceux de St-Marcellin, Chatte, La Côte-St-André..., la syrah d'Ampuis pour les vins de la vallée du Rhône..., le persan et la mondeuse, parfois le gamay et la syrah pour ceux de St-Chef, St-Savin, Cessieu, Virieu.

Quant aux vins blancs, produits en quantité bien moindre que les vins rouges, ils sont caractérisés par le viognier dans la vallée du Rhône, l'altesse ou anet, dans la région de Tullins (basse vallée de l'Isère), la verdesse dans la haute vallée de l'Isère, la région de Claix ainsi que la jacquière, le persan blanc (galopine) et la marsanne (avilleran) dans la même région.

En raison de ce mode peu uniforme d'encépagement, on s'explique pourquoi on distingue dans les vins de l'Isère des types assez différents

Dans leur ensemble cependant ces vins sont colorés et un peu âpres quand ils sont jeunes ; ils ont une acidité assez élevée (de 5 gr. 50 à 7 gr. 50 en

SO³, HO par litre) et une alcoolicité moyenne (de 7° à 9°) Ces nombres sont évidemment très variables, car ils dépendent du cépage, de l'année, du milieu et du mode de conduite. Les treillages de vallées fournissent des vins moins colorés, moins alcooliques et plus acides que les vignes basses de côteaux. La somme alcool + acide est en moyenne de 13 à 14 et l'extrait sec de 18 à 20 grammes.

Dans le département on pratique encore assez généralement la méthode de cuvage ancienne qui consiste à mettre les raisins en cuve sans les écraser, à fouler la grappe durant les 1ers jours de la fermentation et à laisser ensuite celle-ci remonter librement à la surface (cuvage à grappe libre); on décuve alors à vin clair.

Un égrappage au moins partiel améliorerait notablement les vins provenant des treillages ou des vallées en atténuant leur dureté, comme l'écrasage mécanique des raisins et le cuvage à grappe plongeante contribueraient au même résultat en abrégeant le séjour en cuve.

Beaucoup de vignerons emploient actuellement le fouloir mécanique et font cuver à grappe plongeante, mais fort peu encore ont essayé l'égrappage.

Ces pratiques, nouvelles ici, mais plus ou moins anciennes ailleurs, donnent satisfaction à ceux qui les essaient.

Le marc pressé peut produire environ 1 litre 1/2 d'eau-de-vie à 50° par hectolitre de vin produit et, par la pression, selon le mode de cuvaison (grappe libre ou grappe plongeante). on peut retirer du marc un volume de vin de *presse* égal à 1/6, 1/5, parfois 1/4 du volume du vin de *goutte*.

Des calculs répétés permettent de fixer le prix de revient de l'hectolitre de vin des vignes reconstituées à 18 et 19 francs au moins, en moyenne.

Nos vins, comme partout, sont exposés à quelques maladies, très rares pourtant en bonnes années chez les vignerons qui possèdent de bonnes caves et pratiquent l'aseptie de leurs locaux et de leurs vases vinaires par des lavages à l'eau bouillante et la mèche soufrée.

Graisse. — Germes ou filaments disposés en chapelets de grains.

Tourne. — Filaments en chapelets d'articles confusément articulés.

Amertume. — Filaments plus gros, unis, plus ou moins teintés.

Acidité. — Très petites cellules, en paquets et en articles.

Casse bleue (rare) et jaune (plus commune) les années humides, à maturité imparfaite quand la proportion de baies ou graines pourries est importante. Lorsqu'il y en a excès, la vinification en blanc est recommandable.

Ces organismes minutieusement étudiés et décrits par Pasteur sont stérilisés à une température voisine de 60°. Ce fait a motivé la pratique du chauffage réalisée par divers dispositifs sous le nom de *pasteurisation* en souvenir de son célèbre promoteur.

Les soutirages appropriés, la mèche soufrée (2 centimètres par hectolitre) et le collage sont des moyens de conservation précieux, souvent suffisants.

Le méchage ou le bisulfitage (4 à 6 gr. de méta-bisulfite de potasse par hectolitre) empêche la casse; le tannisage guérit la graisse, commune dans les vins blancs, (15 à 20 gr. de tannin par hectolitre), le vinage avec de l'eau-de-vie *bon goût* obtenue en distillant, non pas le marc directement, mais les eaux d'épuisement ou de diffusion, est précieux pour les vins faibles.

Le collage peut se faire avec :

1° deux blancs d'œufs frais par hectolitre, correspondant à 15 gram. d'albumine environ : 2° la gélatine ou colle de Flandre en feuillets solubles dans l'eau chaude, à la dose de 8 à 10 gram. par hectolitre; 3° le sang de porc défibriné par fouettage à l'air à raison de 1 litre par 10 hectolitres; 4° la pulvérine Appert.

Pour les vins blancs on emploie de préférence : l'ichtyocolle, ou colle de poisson (vessie natatoire de l'esturgeon), 2 à 3 gram. par hectolitre; le lait écrémé, 1/4 à 1/2 litre par hectolitre. Quand la colle prend mal, il y a insuffisance de tannin et un léger tannisage s'impose (10 gram. par hectolitre).

Engrais. — Fumure des vignes.

Autrefois les vignes basses étaient rajeunies par provignage à des intervalles de 12 à 15 ans, au fur et à mesure du fléchissement de la production.

Ce provignage était effectué partiellement et irrégulièrement de sorte que beaucoup de plantations primitivement en lignes, sont devenus des plantations en foule.

On profitait de cette opération pour fumer chaque

provin avec du fumier de ferme, de paille ou de bauche. A cette époque, les bauchères étaient une source d'engrais recherchée, et les propriétaires de vignes en coteaux s'assuraient la possession de bauchères en vallées. On employait aussi le buis, même le genevrier, directement et en petits fagots, ou après séjour dans les cours.

L'application des engrais naturels imposait des frais de transport élevés pour les coteaux et des charri... ... ... pénibles et coûteux. L'emploi des engrais chimiques remonte à 1880 à peine, et les premiers achats *en commun* ont été effectués par des propriétaires de La Tronche en 1881.

Depuis cette époque la pratique s'en est généralisée, dans les coteaux surtout, où plus économiquement elle permet d'entretenir la production, sans recourir au provignage devenu impossible avec les plants greffés.

Aux engrais chimiques ordinaires : nitrate de soude, sulfate d'ammoniaque, phosphates et superphosphates, chlorure et sulfate potassiques s'ajoutent parfois, par substitution ou complémentairement : les tourteaux, le sang desséché, les résidus de ganterie (dollage et retailles), les litières et chrysalides de vers à soie... comme engrais azotés ; les cendres de bois, de charbon fossile (houille et anthracite) comme engrais potassiques ; les scories ferrugineuses comme engrais phosphaté.

Ces engrais sont répandus uniformément sur tout le sol ou appliqués au pied des ceps ; cette dernière méthode, quoique plus coûteuse, est préférable.

Dans les sols argileux ou argilo-calcaires on fume tous les 4 ans ; dans les sols légers tous les 2 ou 3 ans. Les matières *azotées* développent la *végétation* et les matières *phospho-potassiques* la *fructification*.

En production normale, une récolte moyenne dans nos pays donne comme rapport *global* d'exportation :

Azote, 3 ; acide phosphorique, 1 ; potasse, 3, 6, et comme rapport *spécial* d'exportation pour le vin seulement : azote, 1 ; acide phosphorique, 1, 5 et potasse, 5.

Dans le fumier de ferme ordinaire ces matières sont dans le rapport suivant : azote, 4 ; acide phosphorique, 2 ; potasse, 5.

Par rapport aux besoins de la végétation *globale* le fumier contient un peu trop d'azote et beaucoup trop par rapport à la production *spéciale* du vin.

Pour la vigne cet engrais doit donc être modifié dans sa composition, en vue surtout de la production du vin.

A une vigne poussant normalement il faut approximativement :

Par *heclare* et par *an* :		et pour 3 ans :	ou en nombres ronds :
Nitrate de soude....	58 k	174 k	150 k
Superphosphate de chaux............	28 k	84 k	100 k
Chlorure de potassium	22 k	66 k	100 k

S'il y a excès de végétation et insuffisance de fructification, on peut admettre :

Nitrate de soude....	27 k	81 k	100 k
Superphosphate....	28 k	84 k	100 k
Chlorure de potassium.	22 k	66 k	100 k

Comme ces doses se rapportent à une récolte moyenne de 30 hectolitres de vin à l'hectare, il serait nécessaire de les doubler, même de les tripler dans certains cas favorables, assez communs dans les vignes reconstituées, vigoureuses et fertiles.

Avec une fumure au fumier de ferme, il faudrait, *pour 3 ans* ;

Dans le 1er cas : fumier de ferme, 6.500 k., au minimum avec adjonction de faibles quantités de phosphate et de sel potassique à moins de fumier pauvre, quantité à augmenter proportionnellement à l'excédent de la récolte par rapport à la récolte supposée de 30 hectolitres seulement,

Et dans le *second cas* : fumier de ferme 3.000 k., superphosphate de chaux, 50 k , chlorure de potassium, 36 k., quantités à augmenter selon les cas, comme il a été dit ci-dessus.

Résumé :

Formule de fumure *par hectare et pour 3 ans.*

1° Pour une production de 30 hectolitres de vin à l'hectare.

a. — Vigne fertile, à végétation normale.

Nitrate de soude 150 k , superphosphate de chaux, 100 k., chlorure de potassium, 100 k., ou bien : fumier de ferme 6 500 k.

b. — Vigne peu fertile, à végétation exhubérente,

Nitrate de soude, 75 k, superphosphate de chaux, 100 k., chlorure de potassium, 100 k, ou bien : fumier de ferme 3.000 k., superphosphate 50 k., chlorure de potassium 36 k.

2° Pour une production de 60 hectolitres.

a. — Nitrate de soude, 300 k., superphosphate, 200 k., chlorure de potassium, 200 k., ou bien : fumier de ferme, 13 000 k.

b. — Nitrate de soude, 150 k., superphosphate, 200 k., chlorure de potassium, 200 k., ou bien : fumier de ferme, 6.000 k., superphosphate, 100 k., chlorure de potassium, 72 k.

Si l'on veut substituer à ces diverses matières d'autres substances destinées à les remplacer, mais de richesse différente, il convient de rappeler que : le nitrate de soude, contient 15 % d'azote ; le sulfate d'ammoniaque, 20 % ; le sang desséché, 10 à 12 % ; les tourteaux, 4 à 5 % ; le dollage des ganteries, 4 à 5 % ; le sulfate de potasse 45 à 50 % de potasse ; le chlorure de potassium, 45 à 50 % ; les cendres de bois, 4 à 6 % : le superphosphate de chaux, 13 à 18 % d'acide phosphorique ; les scories phosphatées, 15 à 18 %.

Dans les coteaux d'accès difficile et onéreux on peut produire économiquement de l'humus sur place par la pratique des engrais verts ou enfouissement avant la floraison des plantes semées spécialement pour cette destination : trèfle incarnat, lupin blanc, colza, navette, vesces, gesses, spergule....

Parasites et Maladies.

Insectes.

Phylloxéra. (phylloxéra vastatrix — hémiptères) ; a envahi le département vers 1877 et les 1res taches ont été constatées en 1879, dans les arrondissements de Vienne et Grenoble. Comme partout la marche envahissante, très rapide d'abord, s'est ralentie ensuite. Parmi nos cépages l'étraire de l'adui résiste le plus longtemps et la forme en grands treillages est la plus tenace puisqu'il en existe encore actuellement en production.

Dans quelques sols sableux de la vallée du Rhône, la résistance a été plus grande que dans les coteaux à cailloutis, dans les vallées fraîches et fertiles que sur les plateaux et dans les sols argilo calcaires un peu forts elle n'a pas été meilleure.

Pendant longtemps les vignerons ont cru à une maladie et non à un parasite et il a fallu les faits et des observations répétées pour les convaincre.

Conformément à la législation et aux instructions sur la matière — car le phylloxéra a eu les honneurs de lois, de décrets, d'arrêtés et d'un service, comprenant délégués et inspecteurs — il s'est créé de nombreux syndicats de défense par le sulfure de carbone après l'inertie, parfois même la résistance, opposées aux traitements administratifs et gratuits.

C'est l'éternelle histoire de la pomme de terre, refusée quand on la donnait et soustraite quand on la gardait.

Les syndicats de défense ont été surtout nombreux dans l'arrondissement de Vienne, moins dans l'arrondissement de La Tour-du-Pin, peu dans celui de Grenoble et très peu dans celui de St-Marcellin.

Indépendamment des circonstances locales, parfois même de considérations personnelles, qui ont influé sur leur formation, on peut dire que la progression a suivi les résultats obtenus et comme le sulfure de carbone produit des effets plus sûrs et plus réguliers dans les sols poreux, perméables, c'est-à-dire sableux et légers, c'est dans les régions où dominaient ces sols que les syndicats se sont constitués le plus facilement et ont fonctionné le plus longtemps : plaine sous-viennoise, plaine lyonnaise, vallons et coteaux de Bourgoin....

Dans les traitements antiphylloxériques effectués, on a surtout employé le sulfure de carbone, et la surface traitée a atteint de 800 à 1.000 hectares aussi longtemps que les subventions ont été de la moitié de la dépense. Au fur et à mesure que la participation de l'Etat a subi des réductions, l'activité des traitements s'est ralentie et actuellement ils n'ont plus qu'une très faible importance, depuis, surtout, la mévente des vins.

Dès le début de l'invasion et pendant plusieurs années, le département a affecté aux traitements faits administrativement une subvention de 2.500 fr. qui était doublée par l'Etat. Il a subventionné et entretenu, en même temps, des pépinières de cépages américains résistants, porte-greffes et producteurs directs, destinées à distribuer gratuitement des boutures authentiques ; ces pépinières ont été supprimées il y a quelques années.

La dose moyenne de sulfure employé est de 200 k. à l'hectare, soit 20 gr. par mètre carré.

L'application se fait généralement en avril, par le beau temps, le sol n'étant ni trop sec, ni trop mouillé, et la température voisine de celles où commencent les pontes et éclosions.

L'injection du sulfure se fait au moyen de pals injecteurs à tubes d'acier munis d'un corps de pompe formant réservoir. La course du piston est réglée de manière à projeter 5, 6 gram. au plus par injection faite à 0.40 de profondeur environ, les trous distants de 0.50 en moyenne les uns des autres et bouchés immédiatement l'injection faite.

On a essayé aussi les charrues sulfureuses achetées par le département, mais avec moins de succès. La réussite dépend surtout de la perfection de la diffusion du sulfure dans le sol, perfection qui exige des conditions physiques spéciales de perméabilité, de température, de sécheresse...

Le *charançon gris* (peritelus griseus — coléoptères). Cet insecte ronge les bourgeons au printemps ; il est très localisé et les plantes intercalaires tendent à protéger la vigne.

Il est bien connu aux Avenières, à La Tronche...

Le *cigareur*, charançon vert et bleu (Rhynchites betuleti — coléoptères). Commun certaines années. Il enroule les feuilles en cigares. (Ramassage et destruction des feuilles enroulées qui contiennent les œufs).

L'*eumolpe* ou gribouri (Bromius vitis — coléoptères), commun dans le Midi, rare chez nous, de même que l'*altise*, que je n'ai observé qu'à Claix.

Les larves du *hanneton commun* (Melolontha vulgaris — coléoptères) sont surtout nuisibles aux pépinières et aux jeunes plantations. — Sulfurages. On trouve plus rarement les hannetons de la Saint-Jean, beaucoup plus petits que le hanneton commun et les petits hannetons verts et bronzés.

Les larves des hannetons rongent les racines, et les insectes parfaits mangent bourgeons et feuilles.

La *pyrale de la vigne* (Œnophtyria pilleriana — Lépidoptères), très commune dans beaucoup de provinces viticoles, mais rare dans l'Isère. Ebouillantage des ceps et échalas en hiver (procédé Raclet), clochage ou méchage sous cloche, lampes-pièges.

La *cochylis* (cochylis roserana — Lépidoptères) et l'*eudemis* (Eudemis botrana — Lep.) ou teignes de la grappe. Très communes dans nos vignobles de vallées, certaines années surtout, où elle font perdre parfois une fraction importante de la récolte.

Deux générations larvaires : au printemps, chenilles de la fleur, et à la maturité, larves ou vers du fruit.

Le décorticage des ceps a donné peu de résultats et les lampes-pièges ont une efficacité qui dépend trop des variations atmosphériques.

Les solutions insecticides en pulvérisations ne produisent que des effets partiels et irréguliers.

Solutions proposées et essayées :

Jus de tabac quantité qui dépend du titre (1 litre pour le jus concentré et 4 litres pour l'ordinaire); savon noir, 2 à 3 k.; eau, 100 litres.

Savon, 3 k.; poudre de pyrèthre, 1.500; eau, 100 litres (Dufour).

Gomme de pin, 15 ; soude à la chaux, 2,5 ; ammoniaque à 22°, 13 ; Verdet, 0.5 ; eau, 69 (Laborde).

J'ai essayé, non sans quelques succès, des émulsions savonneuses : au solutol Lignières, au formol et aux feuilles d'eucalyptus macérées à l'eau et additionnées d'une faible quantité d'alcool de pommes de terre ou amylique. Néanmoins tous ces traitements sont insuffisants et les vendanges précoces ainsi que les floraisons rapides contribuent surtout à amoindrir les ravages.

Beaucoup d'autres espèces animales attaquent la vigne :

Dans les mollusques : limaces, escargots.

Dans les arachnides :

Erinose (phytoptus vitis). Taches en boursouflures ou cloquées en dessus et en feutrage de poils blancs en dessous. Ces déformations velues sont dues aux piqures d'un petit acarien ; érinose est le nom usuel de la maladie et phytoptus celui du parasite ; — soufrages. *Acare tisserand* (tetranychus telarius) — commun sur les jeunes grappes qu'il couvre de fils ; — soufrages.

Dans les insectes :

Kermes rouge de la vigne, *cochenille blanche* de la vigne, *guêpes, fourmis, cetoine velue, etc...*

Champignons.

Pourridié ou maladie des racines. Plusieurs parasites ; maladie assez commune et dangereuse.

Anthracnose ou rouille noire (Sphaceloma ampelinum). Maladie fréquente dans nos vallées ; elle ne sévit pas avec la même intensité sur tous les cépages. Rameaux, feuilles et fruits.

Poudrages au printemps avec un mélange de soufre sublimé 2/3, chaux vive en poudre 1/3 ; badigeonnages des ceps en hiver avec une solution de : Eau 100, sulfate de fer 10 à 20, acide sulfurique 1.

Oïdium (uncinula spiralis). Maladie ancienne dont

on se défend avec peine certaines années. Rameaux, feuilles et surtout raisins qui se gercent et sèchent. Soufrages répétés avec soufre sublimé, trituré ou précipité.

La forme sublimée est généralement préférée mais les autres ont aussi des partisans. L'époque et le mode d'application ont autant d'influence que la nature du soufre.

Le succès dans la lutte contre ce champignon parasite exige l'intervention des traitements avant l'invasion *apparente*, naturellement précédée de semences *invisibles*.

Premier soufrage — au début de la végétation, 1re quinzaine de mai — deuxième soufrage en pleine floraison — troisième soufrage après la floraison terminée — quatrième soufrage dès les premières taches constatées qui, si les premiers traitements ont été bien faits, ne se propagent qu'avec une certaine lenteur.

On a utilisé avec succès l'action curative du permanganate de potasse ajouté aux bouillies cupriques à très faible dose ; on a essayé aussi dans ces bouillies le soufre et les sulfures alcalins.

Le soufre n'agit que par le beau temps et une température élevée. Les soufrages exécutés le matin sont les meilleurs ; ils produisent parfois quelques brûlures d'ailleurs sans gravité.

Dans l'Isère on a essayé aussi le carbure de calcium en poudre projeté avec un soufflet sur les organes préalablement mouillés avec une pulvérisation à l'eau ordinaire.

Mildiou. (Peronospora viticola).

Les 1res taches ont été observées à St-Jean-de-Moirans en 1883 ; la maladie s'est étendue ensuite à tout notre vignoble avec une intensité très variable selon les années.

Bénigne les étés secs et ensoleillés, elle est très grave en années chaudes, mais humides et brumeuses.

Le mildiou envahit les feuilles qu'il dessèche rapidement et aussi les grappes. Si la température est favorable à une invasion précoce, en mai-juin, les jeunes grappes attaquées peuvent être intégralement desséchées ; les invasions plus tardives altèrent seulement plus ou moins complètement les baies ou graines envahies.

La dessication des feuilles nuit au développement des raisins et surtout à leur maturité ; l'invasion des jeunes grappes réduit la récolte et celle des raisins la diminue en quantité et en qualité.

Les taches blanches produites sur les organes envahis par le mildiou sont formées par les ramifications fructifères du champignon ; elles sont donc consécutives de son développement. Les semences germent, le mycelium produit pénètre l'organe qu'il dessèche et il en sort en épanouissant à la surface ses organes de fructification d'été (conidies) ; les semences d'hiver ou oospores restent dans l'intérieur.

Ces faits démontrent la nécessité de traitements *préventifs*, seuls véritablement efficaces.

Les sels de cuivre ont une action certaine contre le mildiou dont les semences ne peuvent germer dès que l'humidité nécessaire à cette germination contient des traces de cuivre en dissolution.

Tous nos cépages ne sont pas également sensibles aux atteintes du mildiou.

Le serené de Voreppe relativement résistant à l'oïdium est difficile à défendre du mildiou; le persan est très sensible, la verdesse au contraire résiste mieux.

Le prix croissant du cuivre et de ses composés a poussé les chercheurs à essayer d'autres produits, mais jusqu'à présent les essais n'ont pas donné de résultats satisfaisants.

Dans l'Isère quatre traitements sont nécessaires et généralement suffisants, quand il s'agit de défendre la vigne du mildiou seulement; en année sèche on se contente de trois parfois, comme aussi un cinquième est utile en année humide.

Leur répartition durant la saison dépend du temps, de la situation et de la végétation, mais on peut les fixer ainsi, se souvenant toujours, qu'ils doivent être surtout appliqués *préventivement*.

1er traitement au début du bourgeonnement, 1re quinzaine de mai. 2me traitement au début de la floraison. 3me traitement à la fin de la floraison. 4me traitement trois ou quatre semaines après. Le second et le troisième sont les plus importants ainsi que le 1er certaines années.

On applique les solutions sur l'intégrité des organes aériens : rameaux, feuilles et grappes et de la perfection de cette application dépend surtout la réussite. On emploie des pulvérisateurs à pression directe ; il en existe à air comprimé et même à acétylène.

Principales formules employées :

Solution simple de sulfate de cuivre à 400 gr. par hectolitre d'eau.

Solution simple d'acétate de cuivre basique (verdet) à 1 kilogr. par hectolitre d'eau.

Bouillie calcique : 2 à 3 k. de sulfate de cuivre. 1 k. à 1 k. 50 de chaux grasse en pierre ou en poudre. 1 hectolitre d'eau.

La préparation de cette solution exige des précautions et elle doit toujours être faite au moment de son emploi pour avoir le maximum d'adhérence. On a conseillé de la préparer *neutre* et de s'en assurer avec le papier de tournesol bleu et rouge.

Une bouillie acide rougit le papier bleu, une bouillie alcaline bleuit le papier rouge et une bouillie neutre est sans action sur l'un et l'autre.

Bouillie sodique : 2 k. de sulfate de cuivre. 3 k. de cristaux de soude (carbonate). 1 hectolitre d'eau.

Ces bouillies se préparent en faisant dissoudre le sulfate de cuivre dans 80 litres d'eau puis dans les 20 litres restants on dissout les cristaux de soude ou on délaye la chaux, selon qu'il s'agit de la bouillie sodique ou de la bouillie calcique et ces 20 litres sont versés lentement en agitant constamment dans les 80 litres qui contiennent le sulfate.

Dans l'une ou l'autre un verre ordinaire d'ammoniaque n'est pas sans utilité.

On peut aussi faire des bouillies au savon (plus difficiles à pulvériser), au silicate de soude, au silicate de potasse et au carbonate de potasse.

La bouillie sucrée — Michel Perret — a aussi des partisans.

On construit aujourd'hui des jets qui s'engorgent difficilement.

Blackrot (Guignardia Bidwellii).

Ce parasite a été observé pour la première fois dans l'Isère, à Chanas, en 1894. Il s'est propagé ensuite et s'est montré un peu partout, mais toujours plus ou moins localisé, par taches ou foyers. Ses ravages sur le raisin, avant la maturité, sont considérables et il peut anéantir une récolte en quelques semaines. Son développement néanmoins est fortement influencé par le temps et dangereux certaines années, il est relativement bénin certaines autres.

Les traitements cupriques sont efficaces, mais en raison de son mode de fructification cette efficacité est moindre que contre le mildiou; il les faut plus nombreux et ils doivent toujours être immédiatement consécutifs, de chaque chute de pluie, car plus encore que pour le mildiou, ils doivent être préventifs. La technique des traitements du blackrot est d'ailleurs obscure et les résultats souvent problématiques.

Rot blanc (coniothyrium diplodiella).

Parasite qui envahit surtout les raisins tachés, meurtris ou blessés, contre lequel les sels cupriques ont peu d'efficacité mais qui, heureusement, a moins de gravité que les précédents.

Pourriture grise des raisins (Botrytis cinerea, sclerotinia ou Peziza Fuckeliana).

Cette maladie très grave lorsque le temps est pluvieux à la maturité fait non seulement perdre de la récolte, mais il nuit à la qualité du vin qu'il prédispose à la maladie de la casse. Parasite commun dans nos vallées, surtout sur les cépages à raisins serrés, à pellicule ou pelure fine.

La pourriture peut être plus ou moins avancée et elle est alors plus ou moins nuisible; tout-à-fait à ses débuts elle est plutôt utile, si elle n'est que partielle (pourriture noble).

IV

CONCLUSIONS

—

COMMERCE. — IMPORTATIONS & EXPORTATIONS

VALEUR DE LA PRODUCTION AGRICOLE

Le cadre de ce petit ouvrage nous interdit de résumer, ces diverses notions ayant déjà dépassé les limites d'un simple travail de vulgarisation. Ces renseignements sont consignés du reste aux divers chapitres étudiés.

La valeur des produits animaux dépasse 25 millions et celle des produits végétaux 99 millions, ce qui fait un total annuel d'au moins 125 millions.

L'excédent des exportations sur les importations, variable avec les années, dépasse 4 millions.

Le cheptel annuel est de 67 millions au moins ; si on ajoutait à ce capital la valeur de l'outillage, des bâtiments ruraux et la valeur du capital foncier, on obtiendrait un total qui donnerait une idée exacte de la richesse agricole du département de l'Isère.

Imprimerie du *Dauphiné*, rue Lafayette. Grenoble. — 2-07.

CARTE AGRONOMIQUE
et GÉOLOGIQUE du département
DE L'ISÈRE
PAR
Scipion GRAS, Ingénieur en chef des Mines

Cette carte, dressée à l'échelle du 250,000ᵉ, est l'un des rares documents scientifiques de ce genre publiés sur l'Isère; elle a été, dès son apparition, l'objet d'un rapport très élogieux de l'éminent géologue, M. **Elie de Beaumont**, et le nom de son auteur figure parmi les sommités du monde savant.

Elle a été honorée d'une **grande Médaille d'Or** de la Société des Agriculteurs de France.

Elle se compose de **quatre feuilles coloriées,** imprimées sur fort et beau papier, mesurant chacune 0.90×0 63, et accompagnées de Notices explicatives.

La feuille I est exclusivement consacrée à la **Géologie.** Outre la carte proprement dite du Département, en couleurs, elle renferme encore diverses **Coupes de terrains,** aussi en couleurs, soit au 50,000ᵉ, soit au 100,000ᵉ, etc., *Coupe détaillée de la vallée de l'Isère à Saint-Marcellin; Coupe du Pont-en-'Royans à Laffrey par le Villard-de-Lans; Coupe de Saint-Laurent-du-Pont à la Maurienne par Allevard.*

Les feuilles II, III et IV étudient respectivement les **Terrains agricoles,** les **Régions Agricoles altitudinales,** les **Groupes de Cultures,** et sont d'une grande utilité pour les très nombreuses personnes qui, dans les Alpes, s'intéressent avec tant de raison aux questions d'agriculture.

L'édition de cette Carte est près d'être épuisée.

Les derniers exemplaires sont en vente chez **Xavier DREVET,** Éditeur, **rue Lafayette, 14, à Grenoble,** aux prix suivants :

Les 4 Cartes (ne se vendent pas séparément), en feuilles...................................... 12 fr.

Les 4 Cartes, collées sur toile, pliées dans un étui 18 fr.